植物王国探奇

走进环境植物

谢宇 主编

花山文艺出版社

河北·石家庄

图书在版编目（CIP）数据

走进环境植物 / 谢宇主编. -- 石家庄：花山文艺
出版社，2013.4（2022.2重印）
（植物王国探奇）
ISBN 978-7-5511-1098-3

Ⅰ. ①走… Ⅱ. ①谢… Ⅲ. ①植物－应用－室内空气
－空气净化－青年读物②植物－应用－室内空气－空气净
化－少年读物 Ⅳ. ①X510.5-49②S68-49

中国版本图书馆CIP数据核字(2013)第128582号

丛 书 名：植物王国探奇
书　　名：走进环境植物
主　　编：谢　宇
责任编辑：郝卫国
封面设计：慧敏书装
美术编辑：胡彤亮
出版发行：花山文艺出版社（邮政编码：050061）
　　　　　（河北省石家庄市友谊北大街 330号）
销售热线：0311-88643221
传　　真：0311-88643234
印　　刷：北京一鑫印务有限责任公司
经　　销：新华书店
开　　本：880×1230　1/16
印　　张：12
字　　数：170千字
版　　次：2013年7月第1版
　　　　　2022年2月第2次印刷
书　　号：ISBN 978-7-5511-1098-3
定　　价：38.00元

编 委 会 名 单

前　言

　　植物是生命的主要形态之一，已经在地球上存在了25亿年。现今地球上已知的植物种类约有40万种。植物每天都在旺盛地生长着，从发芽、开花到结果，它们都在装点着五彩缤纷的世界。而花园、森林、草原都是它们手拉手、齐心协力画出的美景。不管是冰天雪地的南极，干旱少雨的沙漠，还是浩渺无边的海洋、炽热无比的火山口，它们都能奇迹般地生长、繁育，把世界塑造得多姿多彩。

　　但是，你知道吗？植物也会"思考"，植物也有属于自己王国的"语言"，它们也有自己的"族谱"。它们有的是人类的朋友，有的却会给人类的健康甚至生命造成威胁。"植物王国探奇"丛书分为《观赏植物世界》《奇异植物世界》《花的海洋》《瓜果植物世界》《走进环境植物》《植物的谜团》《走进药用植物》《药用植物的攻效》等8本。书中介绍不同植物的不同特点及其对人类的作用，比如，为什么花朵的颜色、结构都各不相同？观赏植物对人类的生活环境都有哪些影响？不同的瓜果各自都富含哪些营养成分以及对人体分别都有哪些作用？……还有关于植物世界的神奇现象与植物自身的神奇本领，比如，植物是怎样来捕食动物的？为什么小草会跳舞？植物也长有眼睛吗？真的有食人花吗？……这些问题，我们都将一一为您解答。为了让青少年朋友们对植物王国的相关知识有进一步的了解，我们对书中的文字以及图片都做了精心的筛选，对选取的每一种植物的形态、特征、功效以及作用都做了详细的介绍。这样，我们不仅能更加近距离地感受植物的美丽、智慧，还能更加深刻地感受植物的神奇与魔力。打开书本，你将会看到一个奇妙的植物世界。

　　本丛书融科学性、知识性和趣味性于一体，不仅可以使读者学到更多知识，而且还可以使他们更加热爱科学，从而激励他们在科学的道路上不断前进，不断探索。同时，书中还设置了许多内容新颖的小栏目，不仅能培养青少年的学习兴趣，还能开阔他们的视野，对知识量的扩充也是极为有益的。

本书编委会

2013年4月

目 录

花草与室内环境

客厅的健康植物

卧室的健康植物

书房的健康植物

厨房的健康植物

卫生间的健康植物

庭院的健康植物

不同人群的宜忌花草

花草与室内环境

花草的存在价值

　　每朵花都有自己的世界,每棵草都有自己的绿意。世界万物都有其存在的意义和价值。花草长于天地间,与大自然亲密接触,每天接受阳光雨露的滋养,自然而然地散发出能量,借由形态、气味、色彩等刺激人的大脑。人的感官接受到刺激后,传至中枢神经,进一步与环境和谐互动,这种互动会影响人的情绪及环境的氛围。

花草让人心情好

　　植物的外形、色彩和气味，都能通过我们的感官接受、转化而影响我们的心理和情绪。如心情浮躁的时候，看看鹅掌柴、常春藤、山苏、巴西铁树等绿色观叶植物，心情就会平静下来。红色的花卉，则能让人心中自然而然充满了热情、喜气和无穷的希望。粉红色充满浪漫的气息，让人有一种如同初恋般的甜甜的感觉。黄色的花朵能让人产生眼前一亮的感觉，它还是象征财运的首选颜色！同样的道理，如果能在家中种植玉兰花、薄荷、玫瑰等植物，感觉累的时候，静下心来闻闻自然的香气，顿时感觉头脑清醒、神清气爽，这不就是最原始、最天然的芳香疗法吗？

充满玄机的植物

室内植物看起来很平常，很多人买来就是为了增添点绿色，装饰一下自己的家，让家更美丽、温馨。植物除了具有装饰作用外，还有没有其他功能呢? 其实植物充满了玄机，很多都有惊人的保健功能。那些碧绿的叶子不仅能稳定我们的情绪，给我们美的感受，还能调节室内空气的温度，吸收有毒气体。它们绚丽多姿的花朵能陶冶我们的情操，带给我们美的享受，还能消灭室内细菌，缓解我们身体的疲劳。

不断发展的科学技术极大地改变了我们的生活方式。过去人们大多数时间都在户外工作，而现在，随着电脑网络、无线通信的飞速发展，人们大多数工作都能在办公桌前轻松地完成，因此，人们待在室内的时间越来越长。室内空气质量的好坏对我们的身体产生了重要影响，且受到了人们越来越多的关注。

现代家居房屋和办公楼的豪华装修，办公设备和家用电器的大量使用，在给我们带来了快捷和方便的同时，非天然的合成材料的大量使用，家用电器和办公设备工作时所产生的电磁污染，室内通风不足等因素使室内环境污染越来越严重，严重危害了我们的身体健康。

为了消除种种不良影响，人们绞尽脑汁，安装加湿器、空气净化器、除菌器等，但是昂贵的价格、麻烦的维护、明显的副作用让人们感到沮丧。

其实，不用这样费劲，只要在居室内科学地摆放一些植物，就能消除危害我们身体健康的"不良因素"。植物能吸收有毒气体，分解有害物质，消灭细菌，在室内营造一种蓬勃向上、生机盎然的氛围。

自然的空气加湿器

  室内绿化可以根据个人的情趣、条件、爱好等因素去选择。室内的绿化植物能够净化室内空气,其光合作用能释放出氧气,能减少空气中的尘埃,是自然的空气加湿器和净化器。特别是在冬季,开窗比较少,室内花草对空气的净化作用显得更加重要。在新装修的居室中,花草还能吸附有害物质和辐射。

  在室内摆放一些抗污染的花草,能够净化室内的空气。如天南星的苞叶能吸收50%的三氯乙烯、80%的苯。如果在8~10平方米的居室内摆放一种抗污染的植物,就能起到"负离子发生器"的作用,大大有利于空气的净化。

最自然的"空气滤净机"

　　植物在白天吸收二氧化碳，释放出我们需要的氧气、芬多精、阴离子及水汽等各种有益人体健康的物质，不仅可以净化室内空气，也营造出了好的气场。植物所散发的芬多精，具有杀死空气中真菌、细菌的功能。阴离子则有改善自律神经失调、改善睡眠、增强体质、促进新陈代谢等好处。此外，植物还可以吸收净化环境中对人有害的热气、噪音、灰尘及氨、甲苯、二氧化硫等，是最自然的"空气滤净机"。

　　所以，除了要多到公园、乡村、海边、山林等自然环境中享受绿意，呼吸新鲜空气外，平日的生活里也要多种植花草树木，或者摆放一些盆栽，一样能舒缓心情、释放压力，还能起到净化空气的作用。

释放水分的室内植物

世界上的很多东西都能找到它的替代品，但是到现在为止，却没有一种物质可以代替水。水是万物之源，没有水，就没有生命。

人体需要补充水分，因为没有了水分，生命就无法进行。其实我们每天出入的居室也需要补充水分，这样才能保证室内合适的湿度，人体才能保持健康。怎样做才能让室内湿度合适呢？很多人用空气加湿器来解决湿度问题。加湿器虽然能缓解秋冬空气干燥的问题，但是用的时间长了，它的内部就会滋生很多细菌，反而会危害身体健康。

有没有一种办法，既能让室内空气变得湿润，又不会危害身体健康，让人感觉很舒服呢？有，而且还很简单，只要在室内放几盆植物就可以了。植物能调节室内湿度，改善空气质量。

植物是如何做到释放出水分，调节室内湿度的呢？原来，植物通过根部吸收水分，其中只用1%来维持自己的生命，剩下的99%都通过蒸腾作用释放到空气中。更让人惊奇的是，不管它吸收的是什么水，蒸发出去的都是100%的纯净水。

小知识

如果想利用室内植物提高相对湿度，可以让植物多晒晒太阳。或者让植物听听音乐，好的音乐能促进它的蒸腾作用，释放出更多的水分。

绿色植物可调节室温

　　人们常说："大树底下好乘凉。"同样的道理，炎热的夏季，如果在室内摆放植物，也可以像空调一样制冷。不过在日常生活中，植物调节室内温度的功能，却往往被人们所忽视。

　　植物真的能像空调一样调节温度吗？有人曾做过这样一个实验，在一公顷的土地上全部种上绿树，这块绿地一昼夜蒸发水分的调温效果，相当于500台空调连续工作20小时的效果。一个城市如果有很多林荫大道，那么，它就像一条条保温性能良好的"湿气输送管道"，会使整个城市的温度趋于均衡。

　　现在，人们为了贪图一时的惬意，随手按下空调遥控器，以为这样就可以完全掌控室内空气，殊不知，空调对人体的危害已经超出了它带给人的舒适感觉。

　　研究表明，空调过多地吸附阴离子，室内阳离子越来越多，阴、阳离子失调，会导致人的大脑神经系统紊乱失衡。空气中的阴离子能缓解大脑疲劳，空调消耗大量

阴离子，破坏了这一保健功能。而阳离子对人体有百害而无一利，可以称得上是人体的"杀手"。而空调却源源不断地制造它。

另外，空调所产生的冷气虽然能降低室内温度，但会刺激人体血管急剧收缩，血液流通不畅，导致关节受冷、受损、疼痛，出现像后背和脖子僵硬、四肢和腰疼痛、手脚冰凉麻木等病症。空调的冷气还会让空气干燥、湿度降低，这无疑会对人们鼻、眼的黏膜造成不利影响，从而导致呼吸道疾病的发生，严重损害人体健康。

因此，完全靠空调改变室内温度并不是最好的办法。绿色植物在吸收养分的同时，会在蒸腾作用和光合作用的过程中释放出大量的水分和氧气，可以增加空气湿度，起到调节室内温度的作用，可以用室内植物来代替空调。即使房间里安了空调，也要摆放几盆室内植物，这样不仅可以缓解干燥，还能让室内环境变得更自然、更和谐。

小知识

和空调相比，室内植物调节气温具有以下优势：

室内植物没有任何污染，是最天然的空气净化机；不用消耗能源；具有自我清洁、净化的功能，不用经常擦拭；空调安装和挪动很不方便，而室内植物可以随时变换位置；室内植物还具有调节湿度、装饰以及保健的功能。

绿色植物吸收二氧化碳

在人的一生中，80%以上的时间都是在室内度过的。可想而知，在人员比较多的家庭或单位，室内的二氧化碳含量该有多高。

虽然二氧化碳本身没有毒，但是当空气中的二氧化碳超过正常含量时，就会对人体造成巨大的伤害。它会刺激人的呼吸中枢，导致呼吸急促。随着吸入量的增加，还会引起头晕、头痛、神志不清等症状。

那该如何解决室内二氧化碳过量的问题呢？解决这个问题的方法有很多，只是不同的方法会带来不同的效果。有的方法很简便，有的却很复杂；有的方法见效快，而有的却很慢；有的方法很健康，有的却会带来副作用……那有没有一种既简单、快捷又不会带来副作用的方法呢？有，那就是在室内种植植物。

植物为了汲取养分，会利用阳光、土壤中的水分和矿物质以及空气中的二氧化碳来为自己制造"食物"，整个过程就是所谓的"光合作用"。在光合作用过程中，被称为"绿色工厂"的植物叶片，能吸收空气中的二氧化碳，使它和水分化合，形成为植物供给营养的物质，比如淀粉、葡萄糖等，同时还能释放出人体呼吸所必需的氧气。

更让人吃惊的是，绿色植物"吞吃"二氧化碳的胃口大得惊人。每形成1克葡萄糖，就要消耗2500升空气中所含的二氧化碳。因此，对绿色植物来说，二氧化碳简直就是炙手可热的"超级营养物"。研究表明，在8~10平方米的房间里，只要摆放两盆绿色植物，如芦荟、凤梨、仙人掌等，就能吸尽一个人排出的全部二氧化碳。

既然知道了绿色植物的特别功能，那就要充分利用。但是需要注意，植物叶子的气孔闭合受多种因素的制约，因此，不同的植物进行光合作用的模式也不同。

大部分植物会在白天打开气孔进行光合作用，吸收二氧化碳，释放出氧气，但到了晚上就会停止，因此，这些植物不能在卧室里过多地摆放，夜晚的时候它们不但不会为人提供氧气，反而还会跟人"争夺"氧气。而仙人掌类植物就能在晚上吸收二氧化碳，释放出氧气。因此，可以在卧室内放置几盆，以供应夜间的氧气需求量。

选择适合自己的植物

长期在电脑前工作的设计师，可以在室内摆放葱郁的柏树，在享受一片绿色带来的活力的同时，还能减少噪音对工作的干扰。

置身于繁忙都市的年轻白领，可以在窗前摆放素雅的吊兰，不但可以去除室内85%以上的甲醛和90%以上的一氧化碳，还可以缓解工作紧张造成的压力。

对于生病的人来说，在室内摆放一盆美丽的茉莉，它散发出的淡淡清香，既能缓解郁闷的心情，让心情变得舒畅，还能抑制病菌的滋生。

一株万年青，不但可以让居室生机盎然，还能改善室内的空气，让家人神清气爽，心情舒畅。一盆君子兰，不但可以让居室显得高雅，还能消除烟雾给家人带来的危害。由此可以看出，健康惬意的生活离不开室内植物的帮助。植物不再是居室中可有可无的点缀，它不仅满足了我们对大自然的向往与亲近，带给我们自然的美感与风韵，也在保护着我们的健康，保证我们优良的生活品质。我们可以通过科学的养护和合理的摆放，来充分激发室内植物的健康功能，营造出一个清新自然、绚丽多彩的室内环境。

小知识

蔬菜和水果是最好的除味剂，如柚子、菠萝、橘子、橙子、洋葱、香瓜等。将这些蔬菜和水果放在居室内，可以有效地去除异味，散发自然香味，而且环保，还有益健康。

正确认识植物的作用

很多人以为绿色植物能把室内所有的有害气体全部吸收并转化，其实这种观点是错误的。大多数植物对室内的有害气体有一定的抗性和吸收能力，植物将污染物吸收后可分解为无害的物质，然后通过根排出体外或被自身利用。但是，如果室内污染物浓度过高，超过了植物吸收、分解的能力，植物就会受到伤害，甚至可能会因吸入大量的有害物质而死亡。

还有些植物对有害气体相当敏感，如木棉、泡桐等对二氧化硫敏感，唐菖蒲对硫化氢敏感，在污染物浓度不是太高时，它们可以作为净化污染物的植物。但是如果污染物浓度严重超标时，这些植物也会被伤害致死。

绿色植物还会与人争氧。大部分植物在新陈代谢的过程中，白天进行光合作用吸进二氧化碳，呼出氧气，晚上进行呼吸作用，吸入氧气，呼出二氧化碳。因此，在不经常通风的室内，如果摆放太多的植物，会造成室内缺氧，而严重影响人的正常呼吸。但也有少数植物会在夜间吸入二氧化碳，呼出氧气，如仙人掌类植物。而在养护绿色植物时，也可能造成新的污染，如杀虫、施肥，农事操作等，因此，使用绿色植物净化空气时，有时也会带来一些负面影响。

解决室内污染，除了摆放植物，还有没有别的办法呢？据试验，一个80平方米的房间，在室内外温差为20℃时，打开窗户9分钟就能把室内外空气置换，自然通风是排出空气污染物的重要方法。所以，开窗通风也是解决室内污染最简单、最重要的方法。

客厅的健康植物

客厅的采光和通风条件都很好, 这使我们在选择花草上有了更大的空间, 不管是喜阴植物, 还是喜阳植物, 都能在这里找到适合自己的位置。一般情况下, 客厅的空间较其他房间大, 是一些高大花草的"安乐窝"。

客厅花草的摆放

客厅是家人团聚、接待客人的地方, 这里的花卉不要摆放太多, 三盆以内就可以了, 主要是要营造出大方、温馨、热情好客的气氛。

摆放花草时应尽量靠边, 还要注意大、中、小的搭配。如果客厅的空间比较大, 可以摆放挺拔舒展、造型生动的植株, 如发财

树、散尾葵、橡皮树、大株龟背竹等；如果客厅空间小，可以摆放蔓藤类植物或小型植物，如万年青、鸭跖草、常青藤等。茶几上可以放置一些小型植物盆栽或鲜艳的盆花。

大型花草可以摆放在沙发旁边或墙角；中型花草可以摆放在窗台上或制作较高的花架上；蔓藤类的花卉可以采用壁挂式或悬挂于顶面。

客厅常见污染

◎ 装修带来的有毒气体；

◎ 厨房的油烟；

◎ 灰尘；

◎ 电视、电脑的辐射；

◎ 衣物、鞋子带来的异味；

◎ 噪音。

万年青

万年青喜欢温暖潮湿和半阴的环境，夏天天气炎热、日照强烈的时候，要避免强光照射，否则，会造成叶子干尖焦边，严重时会枯黄。但光线也不能太暗，如果光线太暗，就会导致叶片褪色，一样会影响观赏效果。它的生长期为3~8月，在生长期的每个月都要施肥，还要多浇水。夏天的时候要常常洒水，以增加空气湿度。

中国栽培万年青的历史悠久，其名称和红色的果实常作为吉祥、富有、平安、健康、长寿的象征，深受人们的喜爱。

万年青具有独特的空气净化能力，可以去除尼古丁、甲醛等，空气中污染物的浓度越高，它的净化能力就越强。

万年青叶姿秀丽高雅，秋冬时节，结出红色的果实，更能为居室增添色彩。小盆栽常放在书房、厅堂的条案上或窗台、案头，用来观赏；中型盆栽，放在客厅的墙角或沙发的旁边作为装饰，可以令室内顿时生机盎然！

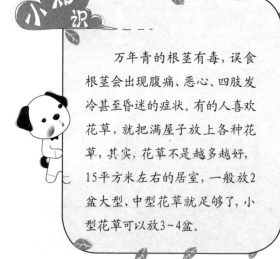

小知识

万年青的根茎有毒，误食根茎会出现腹痛、恶心、四肢发冷甚至昏迷的症状。有的人喜欢花草，就把满屋子放上各种花草，其实，花草不是越多越好，15平方米左右的居室，一般放2盆大型、中型花草就足够了，小型花草可以放3~4盆。

滴水观音

滴水观音又叫滴水莲、佛手莲。喜欢半阴的环境，应放在能遮阴、通风的地方，不能在烈日下暴晒，否则植株会出现大面积灼伤。夏季高温的时候，要把它放在一个相对湿润、凉爽的环境中，在保证盆土湿润的同时，还要不时给叶面喷水。冬季的时候，一周喷一次水就能保证其叶色翠绿。

滴水观音长得很快，因此，要经常施肥，每月施1~2次含氮素比例高一些的复合肥。当温度降低时，可减少施肥或不施肥。如果养护不当，叶片会出现发黄甚至干枯的状况，这个时候，要将发黄叶片连同茎部一起用刀削掉，这样就不会影响其他叶片生长。

如果你不想让养在室内的滴水观音长得太高，想让它保持小巧玲珑的株型，这很简单，只要在它的幼苗长到适合摆放的时候，用2%的多效唑溶液喷洒全株即可。喷洒以后再长出的茎叶都不会高过40厘米，而且叶片肥厚，观赏性很强。半年左右喷一次就能起到控高的效果。

滴水观音在温暖潮湿、土壤水分充足的条件下，就会从叶子的边缘或叶尖向下滴水，而且开的花很像观音，故名"滴水观音"。

滴水观音叶色翠绿，株型优美，有很好的净化空气的功效，是大堂、客厅、办公室、会议室的上好装饰植物。

小知识

滴水观音从叶子中滴出来的水很纯净，但是叶子中的汁液有毒，要避免误食。如果家中有小孩儿更要注意防范。

发财树

发财树又叫马拉巴栗、瓜栗、中美木棉。喜欢高温湿润的环境，喜欢阳光照射，不能长时间的荫蔽，因此，要放在室内阳光充足的地方。摆放的时候，要让叶面朝向阳光，不然会使整个枝叶扭曲。3~5天用喷壶喷一次水。

发财树对肥料的需求高于其他花草，在它的生长期5~9月，每隔半个月就要施用一次混合型育花肥。

广东的很多私家庭院都种有发财树，它有财源滚滚、发财之意。在节庆、公司开张的日子里，人们喜欢用它的盆栽作为礼仪植物赠送友人。

发财树对一氧化碳和二氧化碳有很强的净化作用，清除甲醛、氨气、氟化氢等有害气体的能力也很强。发财树能使空气中负离子的浓度增加，提高空气湿度，降低温度，是联合国推荐的国际环保树种之一。据测定，每平方米的发财树植物叶面积，在24小时内可以清除2.37毫克的氨、0.48毫克的甲醛。

铁树

铁树喜欢温暖湿润的环境，盆土要保持湿润，但是不能积水。夏天天气炎热，每天要浇一次水，秋天要减少浇水量，冬天的时候，可以5~6天浇一次水。夏季要施稀释的液体肥，如果加入硫酸亚铁溶液，叶色就会更加浓绿。铁树的生长速度比较慢，但是寿命很长，一般可达200年以上。

有诗人曾经这样描写铁树开花："花是一把剑，剑是一朵花。"花是娇弱的，剑是锋利的，好像二者没什么关系，其实细想一下就会明白铁树有英雄的品格，像剑一样的花和具有铮铮铁骨的铁树搭配是再适合不过的了。

新装修的房屋、新买的家具，甚至连吸烟产生的烟雾中都含有苯，铁树可以有效地吸收苯和苯的有机物。在新装修的房子里或办公大厅里摆放铁树，可以有效净化空气、美化环境。据测定，铁树一天可以去除人造纤维、香烟中释放的80%的苯。如果家中有人吸烟，一定要摆上铁树，这对健康有好处。此外，铁树还是一种吉祥植物，有很多美好的寓意。

小知识

铁树除了观赏外，还有很高的食用、药用价值。茎内富含淀粉，可供食用；叶为收敛药，有止血的功效；花能止咳、镇痛；根能滋养身体。近年来的研究还表明，它还具有抗癌作用。但是铁树的果实里面含有有毒物质，食用后会产生一种神经毒素，因此，千万不要食用。

蝴蝶兰

蝴蝶兰喜欢半阴和潮湿的环境，但是不能浇太多的水。长期处于潮湿状态，它的根会腐烂，叶子会慢慢变黄，严重的还会死亡。可以用喷雾器喷洒叶面，但不能将水雾喷到花朵上。夏秋季节要避免阳光直射，为了让它接受光照，可以放在室内的窗台上，用纱窗遮光。越冬的温度不能低于18℃。盆栽的土壤不要用泥土，可以采用水苔、木炭碎末等。蝴蝶兰除了需要磷、钾、氮外，还需要其他元素，因此，要选用养分全面的肥料，如兰花专用肥料、复合肥、鱼肥等。

它大多采用细胞组织培养进行繁殖，试管育成幼苗然后移栽，大约两年的时间就能开花。有些母株在花期过后，花梗上的腋芽也会生长发育为子株，当它长出根时，再从花梗上切下进行分株繁殖。

蝴蝶兰颜色华丽，花姿优美，有"兰中皇后"的美誉，象征着丰盛、长久、幸福。一般以单数摆放，两单便成双，隐喻好事成双。在国外象征着纯洁、爱情、美丽等吉祥之意。

它的学名按希腊文的原意为"好像蝴蝶般的兰花"。植株十分奇特，没有匍匐茎，也没有假球茎。每棵只长出像汤匙般的阔叶，交互叠列在基部之上。花色鲜艳夺目，有鹅黄、纯白、橙赤、淡紫和蔚蓝等色。一般每枝开花7~8朵，花期较长，可以连续观赏60~70天。等到花全部开放的时候，就像一群蝴蝶列队飞翔，那飘逸的姿态，让人产生一种如诗如画般的感觉。

蝴蝶兰具有极高的观赏价值，还能吸收室内有害气体，是净化空气、美化环境的上好花卉。家里放上两盆蝴蝶兰，既美丽又健康。

酒瓶兰

　　酒瓶兰喜温暖干燥、阳光充足的环境，在室内要放在光线明亮的地方，每隔几天就要搬到室外晒晒太阳，即使夏季也一样，它不怕强光直射，不用担心叶尖会被灼伤。生长的适宜温度为18℃~26℃，不耐寒，冬季温度要保持在3℃以上，否则会受到冻害。有较强的耐旱能力，浇水要坚持"宁干勿湿"的原则，生长期要增加浇水次数，保持盆土湿润，但不能积水，否则易烂根。每7~10天施肥一次，冬季停止施肥。对土壤的要求不严，以肥沃的沙质壤土为佳。要经常修剪老叶，以促进植株长高。

　　酒瓶兰茎秆苍劲，基部膨大，酷似酒瓶，叶片婆娑而优雅，是良好的观茎赏叶花卉。

　　酒瓶兰能在夜间吸收二氧化碳，释放出氧气，净化空气的能力较强，对人体健康非常有益。

　　小型盆栽置于台面、案头，显得清秀典雅。中型盆栽点缀客厅、书房，新颖别致。大型盆栽装饰宾馆、会场、商场等公共场所，气派非凡，而且极富热带风情。

平安树

平安树耐阴，喜散光。不同的生长阶段，对光有不同的要求。3~5年的耐阴，要有遮挡，6~10年的要充分光照。对土壤的要求不高，只要疏松肥沃、排水良好、偏酸性即可。一般不用浇水，每隔2~3天给叶子喷一次水，一周左右浇透一次水。特别是入秋以后，更要少浇水，多喷水。积水会导致叶片脱落、植株枯黄，严重的还会烂根。

小知识

在选购平安树的时候，选择标准是株型整齐、叶片有生气，不下垂，叶面亮绿色、有金属光泽。

平安树有平安、吉祥、合家幸福、万事如意的寓意，因此，人们多用它来表达祝福。它能释放一种清新的气体，去除异味，净化空气，让人精神愉悦、心情放松。大型的平安树可以摆放在客厅、卧室、办公室等的角落处。小型的可以摆放在案几、办公桌、餐桌等处。

垂叶榕

垂叶榕对光线要求不高，喜温暖湿润，忌低温干燥，耐贫瘠、耐湿、抗风耐潮。在夏季，盆栽要遮阴，并及时浇水。25℃～30℃时生长较快，空气湿度80％以上时容易长出气生根。经常向叶面喷水，增加叶片光泽度，可促进生长。干燥会造成落叶及顶芽发黑干枯。冬季的时候要控制浇水，过湿会烂根。垂叶榕病虫害少，耐修剪，易塑形，尤以耐空调、耐阴著称。

在热带雨林里，垂叶榕常常以寄生并绞死其他植物的方式获得空间。在西双版纳，人们常可看到垂叶榕绞死油棕树的情景。被绞死的油棕树腐朽以后，就成了一件天然的艺术品。外部奇形怪状，内部完全中空。锯下树干，经过打磨后，可以直接放在客厅作装饰，也可以作圆桌架或花盆架。

垂叶榕是非常有效的空气净化器，可以提高房间的湿度，有益于我们的皮肤和呼吸。它还可以吸收甲醛、甲苯、二甲苯及氨气等，叶面较宽，能大量吸收二氧化碳，净化混浊的空气。

垂叶榕美丽的小型叶片，可成为房间里的漂亮装饰，室内设计师常用它来营造欢快的氛围。放在室内的垂叶榕最好不要来回搬动，否则容易掉叶子。

鹅掌柴

　　鹅掌柴叶色浓绿,外形似鹅掌,故而得名。喜温暖、湿润及半阴的环境。日照不同,叶子的颜色也不同,如果日照太强,叶子无法呈现有光泽的浓绿色,而半阴和半日照,叶子则亮绿有光泽。在明亮通风的室内,可以长时间地观赏。

　　16℃~26℃的环境,最适合鹅掌柴生长。它的越冬温度为12℃,最低不低于5℃,否则会落叶。空气湿度高、土壤水分充足,有利于鹅掌柴的生长。鹅掌柴不能缺水,夏天每天要浇一次水,春秋每隔3~4天浇一次水。冬季在低温条件下要适当控水。每年春季要换一次盆,盆土要用腐叶土、泥炭土、珍珠岩加少量基肥配制。也可以用细沙土栽培。鹅掌柴的生长速度比较慢,又容易萌发徒长枝,因此,平时

要进行适当修剪。

　　鹅掌柴可以从烟雾弥漫的空气中吸收尼古丁和其他有害物质，并通过光合作用转换为无害的物质，给那些有烟民的家庭带来新鲜的空气。此外，鹅掌柴还能吸收甲醛，每小时大约能吸收9毫克。

　　鹅掌柴株型优美、丰满，而且适应能力强，是优良的盆栽植物。适宜摆放在客厅的角落。春秋季节也可以放在楼房阳台和庭院的蔽阴处观赏，还可以种植在庭院中，是南方冬季的蜜源植物。

养花小窍门

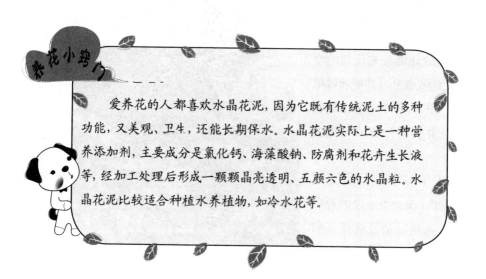

　　爱养花的人都喜欢水晶花泥，因为它既有传统泥土的多种功能，又美观、卫生，还能长期保水。水晶花泥实际上是一种营养添加剂，主要成分是氯化钙、海藻酸钠、防腐剂和花卉生长液等，经加工处理后形成一颗颗晶亮透明、五颜六色的水晶粒。水晶花泥比较适合种植水养植物，如冷水花等。

千年木

　　千年木对光照的适应性比较强，在半阴或阳光充足的情况下，叶、茎均能正常发育。喜潮湿，也耐旱，生长期要保持盆土湿润，但是不能积水，否则会造成根烂叶落。生长的适宜温度为20℃~30℃。对土壤要求不高，以肥沃、疏松和排水良好的沙质土为佳。盆土以培养土、腐叶土和粗沙的混合土最好。长到一定程度后，要进行截顶，以促进分枝，让株型茂盛。

　　千年木一般采用扦插法繁殖。将茎切成3~4厘米的段，带少量的切片，然后插在已经消毒的介质中，夏、秋均可扦插。

　　千年木的花语是清新悦目、青春永驻，适合送给公司和个人，恭祝对方事业长青。

　　千年木拥有娇魅的外形，而且对昏暗干燥的环境有很强的适应性，只要稍加照料，它就能长时间生长。最重要的是它还能带来优质的空气，它的根部和叶片能吸收甲苯、二甲苯、苯、三氯乙烯和甲醛，并将其分解为无毒的物质。

　　千年木外观时尚，是桌案、室内、窗台上陈设的观叶佳品。盆栽时最好选择长形较高的花盆，这样与千年木的整体形态更搭配了。

橡皮树

橡皮树喜高温湿润、阳光充足的环境，炎热的夏季，每天都要浇水，并经常向叶面上洒水，保持叶面湿润。冬季浇水的次数要减少，5天左右浇一次水。盆土干一点有利于安全过冬。橡皮树对光线的适应性较强，每周要放在阳光下晒1~2天，同时注意通风。它生长的适宜温度为15℃~25℃，越冬温度不低于5℃。橡皮树喜肥沃的沙壤土。每半个月要施一次低浓度的液体肥，施肥最好选择盆土较干时进行，这样有利于吸收。

当植株长到1米左右时，要进行截顶，以促进分枝萌发。侧枝长成以后，每半年修剪一次，2~3年后，你就可以看到拥有完美外形的橡皮树了。

橡皮树象征招财添喜，常用做商务礼仪花卉。

橡皮树对氟化氢、一氧化碳、二氧化碳等有害气体有一定的抗性，可清除室内可吸入颗粒物，有良好的吸附滞尘作用，使室内空气清新自然。

橡皮树叶片绮丽而肥厚，宽大美观而且有光泽，红色的顶芽状似浮云，托叶裂开后恰似红缨倒垂，观赏价值很高。

中小植株常放在客厅的窗边，可以抵挡有害粉尘的侵袭，净化空气。中大型的植株适合布置在大型建筑物的门厅两侧及大堂中央，既显得雄伟壮观，又能体现热带风情。

小知识

橡皮树的叶子比较宽大，容易落灰，所以要注意清洁灰尘，经常用软布蘸清水擦拭。定期往橡皮树的叶面喷2%的啤酒溶液，可以使叶子明亮葱绿。在室内要经常调换橡皮树的方向，保持树形直立。

七里香

七里香喜充足的阳光，不怕阳光直射，也耐半阴或全阴，但不能长期放在全阴的环境中，否则会生长不良。春、夏要保持盆土湿润，夏季气候干燥时，还要向叶面喷水，增加湿度。冬季盆土要稍干，控制浇水量。春季要及时修剪整形，夏季要摘心，否则会徒长。

七里香的种子发芽能力强，因此，多采用播种法繁殖。每年10月采种，种子外面有黏液，因此，要用草木炭拌种脱粒后播种，播种后盖上草，第二年春天即可发芽。

七里香四季常青，而且具有光泽，花、叶、果均具有较高的观赏性。春季叶色淡绿，夏季开花清雅秀丽，花香袭人，秋季硕果累累，果实开裂露出鲜红的种子，晶莹可爱。冬季它的叶凌寒抗霜、经久不凋。因此，它被看做梅花的兄弟，深受人们的喜爱。

七里香对氯气、氟化氢、二氧化硫有较强的抗性，对汞蒸气有较强的抗毒性和吸收富集能力。此外，还有吸收粉尘和隔音的功能。它有一种特殊的清香气味，能调节神经系统，使人精神愉悦、心情舒畅。

选择深盆浅栽七里香，逐渐提根，随着它的不断生长，会出现悬根露爪、苍古奇特的造型，看起来非常有艺术感。

小知识

七里香的叶、种子和根均可入药，叶能止血、解毒；种子能涩肠、固精；根能祛风活络、散淤止痛。

花叶芋

　　花叶芋喜欢阳光，但是不能暴晒，否则会灼伤叶片，但是如果阳光不足，叶片就会变暗，细长而软弱，失去绚丽的色彩，因此，要在早晚让它接受阳光的照射。春、夏季节要大量浇水，保持盆土湿润，如果干燥会使叶子枯萎。夏季还要向叶片喷水。入秋以后，花叶芋的叶子慢慢开始枯萎，进入休眠期，这时要减少浇水量。花叶芋要求土壤肥沃、疏松、排水良好。

　　花叶芋多采用分株繁殖。秋天，它的叶子枯萎以后，保留其块茎，到第二年的春天块茎开始发芽长叶的时候，用刀切割带芽块茎，等到切面干燥愈合就可以入盆栽植。

　　花叶芋叶形美丽，叶片色彩斑斓、绚丽，就像由高明的画师彩绘而成，给家居带来了灿烂斑斓的感觉，意寓着家庭兴旺，事业红火。

　　花叶芋是天然的空气加湿器，能增加室内的空气湿度，还能通过叶面纤毛吸附空气中飘浮的微粒和灰尘。此外，它还是一种很好的装饰品，让你在享受清新、湿润空气的同时，还能感受蓬勃的生机和美感。花叶芋为新近流行的室内观叶植物，小型盆栽可以摆放在桌面、案头、窗台上，配以白瓷套盆或白色塑料套盆更显高雅。

小知识

　　秋冬季节，室内比较干燥，相对湿度通常不到30％，如果想用植物来增加室内的空气湿度，要选择一些叶片较大的植物，植物的叶片大，通过蒸腾作用蒸发的水分就多，从而能有效增加室内的湿度。

龙血树

龙血树喜高温多湿的环境，光照充足，叶片色彩艳丽。夏季要保持土壤湿润，每月施1~2次复合肥。经常往叶面上喷水，可以提高空气的湿度，叶色会更加亮丽，叶质也会更加肥厚。冬季要注意防寒，温度要保持在15℃左右。如果低于8℃或根吸水不足，叶缘及叶尖会出现黄褐色的斑块，影响观赏效果。冬季要减少往叶面喷水，但是要经常往地板上洒水，这样可以增加湿度，有利于保持叶片色彩，防止出现干尖现象。龙血树喜排水良好、疏松、腐殖质丰富的土壤。

龙血树可采用播种和扦插法繁殖，园艺品种通常采用扦插法。插穗可以选用嫩枝，也可以是多年生茎秆，将插穗插在以粗沙为介质的插床上，插床的适宜温度为21℃~24℃。嫩枝在2~4周内就能生根发芽，茎秆生根比较慢，需要2~3个月。生根后移入盆中。

龙血树受伤后会流出暗红色的"血液"，当地人传说是巨龙的血，故名龙血树。这种红色的汁液是非常有名的防腐剂，是古代人用它来保存人类尸体的高级材料，现在人们用它作为油漆的原料。

龙血树能吸收苯、甲苯、二甲苯、三氯乙烯和甲醛，在抑制有害物质方面，其他植物很难与龙血树相提并论。

龙血树的株型优美，叶色、叶形多姿多彩，是室内装饰的优良观赏植物，中小盆可以放置在客厅和卧室，大中型植株可以布置厅堂。

小知识

如果盆花有虫害，可选择大小合适的塑料袋，在袋中放入杀虫剂，罩在花盆上，扎紧袋口，过2~3天拿掉袋子，就能杀灭虫害。

非洲菊

  非洲菊在生长期需水量大，应保持供水充足，夏季每3~4天浇一次水，冬天约15天浇一次水。花期浇水需要注意的是，不能让叶丛中心沾水，否则花芽会腐烂。浇水时可结合施肥，非洲菊的需肥量比较大，可根据长势施用以磷、钾为主的复合肥，并施用两次镁、钙肥。

  非洲菊属喜光植物，冬季需全光照，但夏季要适当庇荫，还要加强通风，防止高温引起休眠。它对土壤要求不高，以肥沃、疏松、土层深厚、富含腐殖质、排水良好、微酸性的沙质壤土为佳。如果其叶丛下部有黄色的叶片，要及时清除，否则会影响新叶及花的萌发。花凋谢以后也要及时地剪除，防止消耗养分。

  非洲菊又称扶郎花，象征互敬互爱。有些地方喜欢用扶郎花扎成花束布置新房，取其寓意，体现新婚夫妇互敬互爱之意。同时，它也代表着兴奋、神秘、清雅、高洁、隐逸、不畏艰难、有毅力。它的花语是永远快乐。

  非洲菊可有效地吸收甲醛、氯气等有毒气体，能通过新陈代谢把致癌的甲醛转化成天然的物质。还能吸收打印机、复印机排放的苯，并将其分解为无害的物质，让室内空气洁净，令人心情舒畅。非洲菊花枝挺拔，花色艳丽，水插时间长，可达15~20天，为世界著名切花之一。花形呈放射状，常作为插花主体，多与文竹、肾蕨相配。

万寿菊

万寿菊生命力极强，喜湿又耐干旱，但是夏季不能浇太多的水，因为水分过多，茎叶生长旺盛，会影响株型和开花。对土壤要求很低，几乎所有的土壤都可栽培。简单地说，万寿菊很好养，非常适合养花新手。只要保证盆土不太潮湿，多给它点阳光，它就会开出金灿灿的菊花。

万寿菊容易栽种，生命力顽强，常代表长寿延年的意思。每年6～10月开花，花期很长，达5个月之久。花盛开的时候，金黄、鲜黄缤纷灿烂，被认为是能带来"满盆金"的吉祥花。

万寿菊能充分吸收空气中的氯气、氟化氢、二氧化硫等有害气体，给我们带来清新宜人的空气，提高空气的质量。其散发的味道还有驱除蚊虫的功效。很适合摆放在室内，既能欣赏又有利于健康。

万寿菊分枝性强，花多株密，生长整齐，非常美观，适合摆放在客厅、书桌、案几等处。另外，还可以把花连带茎剪下来，插在花瓶里，令室内充满朝气。

小知识

万寿菊中含有一种优良的抗氧化剂——叶黄素，叶黄素具有无毒副作用、稳定性强、安全性高的特点，作为食品添加剂，能够抵御自由基在人体内造成的细胞与器官损伤，从而防止机体衰老引发的冠心病、心血管硬化和肿瘤疾病。

万寿菊的叶子可以泡茶，花可以吃。花和根可以入药，有化痰止咳、祛风降火的作用，还可以保护眼睛，有"能吃的太阳眼睛"之称。

大花蕙兰

　　大花蕙兰怕干不怕湿，而且对水质要求比较高，喜酸性水，对水中的镁、钙离子比较敏感，以雨水灌溉最佳。在生长期需较高的空气湿度，如果湿度不够，会影响植株生长发育，导致根系生长缓慢而细小，叶色偏黄，叶片变得厚而窄。

　　在兰科植物中，大花蕙兰属于喜光的一类，光照充足有利于叶片生长，形成花茎并开花。如果光照不足，叶片会变得细长而薄，假鳞茎变小，影响开花，还容易生病。炎热的夏季，要遮光50%~60%，秋季要多见阳光，这样有利于花芽的形成与分化。冬季的时候，增加辅助光，对开花非常有利。肥沃、疏松和透气的腐叶土，比较适宜栽种大花蕙兰。

　　古语有云："一茎一花者为兰，一茎五花者为蕙。"大花蕙兰可以说是兰与蕙最完美的结合。它花朵艳丽，叶片舒展飘逸，幽香典雅，丰富多彩。大花蕙兰的寓意是福泰安康。

　　大花蕙兰花香浓郁、身姿挺拔，作为盆栽来装饰居室环境非常雅洁。还能吸收空气中的甲醛和一氧化碳，起到净化室内空气的作用。在家中放一盆大花蕙兰，在享受美的同时，还能获得新鲜空气，真是一举两得。

　　大花蕙兰花大，花多，花形规整丰满，花茎直立，色泽艳丽，花期长，小型植株常做盆栽，大型植株常做切花。

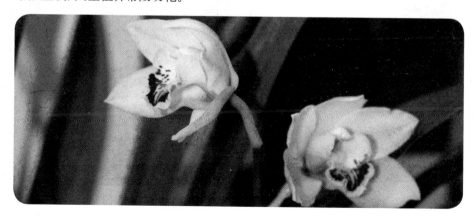

山茶花

山茶花喜半阴环境，夏、秋季节要遮阴，避免烈日直射，否则会灼伤叶片。但也不能过阴，过阴会使叶片变薄，开花少。山茶花对光线比较敏感，夏、秋季节不要挪动花盆的位置，以免造成光线紊乱。忌干，春、夏、秋季都要向叶面喷水，夏季高温时，还要向花周围洒水，以提高空气湿度。每周都要用清水洗叶片。山茶花喜欢温暖，太冷和太热它都会停止生长。不用每年都换盆，2~3年换一次就可以，6月换盆比较合适。如果春季换盆，一定要小心，不要伤根。花蕾多时要及时疏除一部分，不要保留太多，以使营养集中。

山茶花的花期很长，在红梅之前开放，在桃李之后凋零，历经冰雪风霜之季，依然繁花朵朵，寓意持久、坚贞。在古代，山茶花还被人们用来表达爱国之情。

山茶花对氟化氢、二氧化硫、硫化氢、氯气等有害气体有很好的吸收作用，能起到净化空气的作用，花朵散发的味道，还能驱蚊虫。

地栽可散植、丛植在庭院，盆栽可以放在窗台、阳台等阳光充足之处。

养花小妙门

把水洒在要除草的盆里，让土壤湿透。24小时后，再用漂白粉水浇，过不了多久，杂草就会死去。用煮土豆的水泼在杂草上，也能除去盆栽中的杂草。

一叶兰

一叶兰有极强的耐阴性，即使在阴暗的室内也能观赏很长时间，但是长期放在暗室会阻碍叶的萌发和生长。夏季要避免阳光直射，否则会灼伤叶片。春末可放在荫棚下的通风处，秋末的时候再搬回室内。喜湿润的环境，盆土要保持湿润，可经常向叶面洒水。对土壤要求不高，耐贫瘠，喜疏松、肥沃、排水良好的沙质土壤。对肥料要求也不严格，15天施一次肥，冬季不需要施肥。生长的适宜温度为15℃左右，不耐寒。

通常采用分株法繁殖，在春天的时候将地下的根茎连同叶片分成数丛，每丛带3~5片叶子，然后栽到盆中，放在半阴的环境中就可以了，成活率非常高。

一叶兰象征不老的青春。年轻人如果在室内摆放一盆一叶兰，更能烘托出蓬勃奋发的朝气。

一叶兰叶形漂亮，摆放在客厅显得大气、美观。还能清除甲醛污染，吸收氟化氢、二氧化碳，让你拥有清新的空气。

一叶兰还是理想的水培植物，可以花鱼共养，真是一举多得。也可以作为插花的配叶材料，装扮居室。

棕竹

棕竹是比较好养的植物，只要稍微呵护，就能茂盛地生长。耐阴，适合放在散光下或半阴处，夏季高温时要遮阴，但也要保持60%的透光率，还要注意通风。喜欢温暖潮湿的环境，要保持盆土湿润，定期浇水，空气干燥时，要经常喷水，增加空气湿度。同时要用软布蘸清水擦拭叶面，保持清洁。

棕竹不耐寒，春天的时候有的叶梢变黄，是因为冬天受冻。如果有黄色的叶片，要及时剪去，避免影响其他部分。生长期时每月施氮肥1~2次。一般采用分株法繁殖，分出的株丛不少于10秆，栽入盆中要放在半阴处，不能浇太多的水，等到萌发新枝后进行正常养护。

棕竹又称观音竹，显得有仙气和灵气，被认为能给养花的人带来福气和运气。

棕竹具有良好的空气净化作用，放在室内能吸收二氧化碳并制造氧气，对二氧化硫的污染有一定的抵抗作用。

棕竹长成一大片时，很有热带风味，有较高的观赏价值，适合放在客厅。棕竹也可以水培，但是生长速度较慢，需要耐心护理。

蔷薇

蔷薇为喜光花木，需要充足的阳光。喜湿，要保持盆土湿润，但是忌积水，蔷薇怕水涝，水涝会烂根。它的根系比较发达，抗病能力和生命力都很强，能在贫瘠的土壤中生长。植株蔓生得越长，开花越多，需要的养分也越多，每年冬季的时候，施一次肥，可以保持花芽繁茂，花色艳丽。因产花量大，产花季需要更多的养分，每周应施肥1~2次。还要注意剪去弱枝上的花蕾，培育采花母枝。

蔷薇多采用当年的嫩枝扦插育苗，成活率高。有些名贵品种，很难扦插，可用嫁接或压条的方法繁殖。盆花蔷薇科的月季一般都是采用压条法育苗。

修剪是蔷薇整形中不可缺少的工序，如果修剪得不好，蔷薇长成刺蓬一堆，参差不齐，不仅外形不雅观，还容易生病虫害。蔷薇一般都是每年修剪一次，在春季萌芽前进行。主枝保留在1.5米以内，其余部分剪除。每个侧枝保留基部3~5个芽即可。同时，将细弱枝、枯枝及病虫枝疏除，促进新枝萌发。

蔷薇可以吸收苯、乙醚、苯酚、硫化氢等有害气体，还可以清除锑剂中毒，非常适合放在刚刚装修好的房子里。花朵还能产生挥发油，具有明显的杀菌效果。

在欧美国家，蔷薇总是和爱情联系在一起，白蔷薇代表纯洁的爱情，黑蔷薇代表绝望的爱，红蔷薇代表热恋，粉蔷薇代表爱的誓言，粉红蔷薇代表一生相随，深红蔷薇代表只想和你在一起，黄蔷薇代表永恒的微笑，蓝蔷薇代表梦幻美丽。而在我国古代，人们常常把蔷薇比喻成美女。

蔷薇花还可以布置成花格、花架，夏天枝繁叶茂，有"密叶翠幄重，浓花红锦张"的景色。不过需要注意的是，它身上有刺，不要被扎到。

知识

蔷薇花香味很浓，花香诱人，花瓣可以提取芳香油。蔷薇花还有很高的药用价值，味甘、性凉，有顺气和胃、清暑化湿、止血的功效。适用于暑热胸闷、呕吐、口渴、口疮、痢疾、腹泻、不思饮食、吐血及外伤出血等。

百合

百合喜光，如果光照不足，会影响开花。百合较耐寒，生长的适宜温度为12℃~18℃，冬天即使气温降到3℃~5℃也不会冻死。一般不需要太多的水，保持盆土潮润即可，但是在天气干旱和百合生长期时，要适当勤浇水，并在花盆周围洒水，以提高空气湿度。但不能积水，否则鳞茎易腐烂。百合对钾、氮肥的需求量相对大一些，生长期每10~15天施一次，要限制磷肥的供给，因为磷肥过量，叶子会变黄。百合花期可以适当增施1~2次磷肥。百合喜肥沃、疏松的沙质壤土。

百合开花后要及时将残花剪掉，以减少养分消耗。每年换一次盆，换上新的培养土和基肥。此外，在其生长期每7天左右转动一次花盆，否则植株会偏长，影响美观。

百合有"百事合意、百年好合"的寓意，是婚礼必不可少的吉祥花卉。由于外表纯洁高雅，有"云裳仙子"之称。天主教以百合为圣母玛丽亚的象征，梵蒂冈把百合作为国花。

百合能吸收空气中的一氧化碳和二氧化硫，净化空气的效果明显。其花期很长，花朵大而美丽，花瓣有向外翻卷的，有平展的，能散发出淡淡的幽香。剪下带茎的花朵，插在绿色的花瓶中，摆放在客厅里，看上去非常端庄、优雅。

小知识

百合花语

白百合：庄严、纯洁、心心相印；粉百合：纯洁、可爱；黄百合：早日康复；红百合：永远爱你；姬百合：荣誉、财富、高雅、清纯；葵百合：荣誉、胜利、富贵；野百合：永远幸福；玉米百合：执着的爱、勇敢；狐尾百合：杰出、尊贵、欣欣向荣；编笠百合：杰出、威严、才能、高雅、尊贵；圣诞百合：真情、庆祝、喜洋洋；水仙百合：喜悦、期待相逢；香水百合：高贵、纯洁、婚礼的祝福。

蜀葵

　　蜀葵耐半阴，喜欢凉爽的气候、充足的阳光，但是忌强光直射。生长期最好放在日照充足及通风良好的地方。蜀葵喜湿润，较耐干旱。早春老根发芽时，要及时浇水，但是要控制水量，不能浇太多。叶片水分的蒸发量比较大，因此，在生长期要及时补充水分，保持土壤湿润。如果太干，花苞会过早开裂。冬季的时候要少浇水。蜀葵喜欢肥沃、土层深厚、排水良好的土壤。盆栽可选用腐叶土，在开花前，要施肥1~2次。

　　蜀葵一般采用播种法繁殖，北方春种，当年就开花，南方则到第二年开花。也可以采用扦插和分株法繁殖，优良品种一般采用分株、扦插法繁殖。

蜀葵花大色艳，对二氧化硫、三氧化硫、硫化氢及氯化氢有较强的抗性。叶片宽大，能吸收部分有害气体，是良好的室内绿化植物。

小知识

蜀葵的根、叶、花都可入药，有清热解毒的功效。根、叶、花入药内服可治痢疾、便秘、解河豚毒、利尿。叶或花捣烂外敷可治烧伤、溃疡、蜂蝎蜇伤等。而且它的花还是食品的着色剂。嫩苗可以食用，味道鲜美，但是不能长时间食用，且不能与猪肉同食，否则会使人面部苍白。

卧室的健康植物

卧室是睡眠、休息的地方，要经常打开门窗，使房间通风，排除屋内的污浊空气。还要适当放些植物，让卧室充满田园气息，并且净化空气。

卧室植物的摆放应该创造安逸、舒畅、清净的环境，让人一天的疲劳在这里消失得无影无踪。最好选用冷色调的花卉来点缀，以小型植物为主，可以摆放仙人掌、仙人球等。但不宜摆放过多，也不要摆放香气浓烈的植物，因为它们不利于夜间睡眠。

卧室花草的摆放

　　卧室花草要根据花草的形状、大小的不同来摆放。如卧室的写字台、书桌、床头柜和穿衣柜等，应该摆放小型花草，可以在床头柜上摆放一盆文竹，在穿衣柜上摆吊兰。窗台上可以摆放一些中小型花草。

卧室的常见污染

◎ 装修带来的有毒气体；

◎ 室内不通风，造成有害气体集聚；

◎ 灰尘；

◎ 电视辐射。

文竹

文竹喜欢半阴的环境，要避免阳光直射，受散光即可。夏、秋季可放在阴凉处，冬季放在向阳处。喜湿润，不耐干旱，要经常保持盆土湿润，如果浇水太少，叶尖会发黄，叶片会脱落。夏、秋可以偏湿一点，但是要注意不能积水。炎热的夏天除了要经常浇水外，还要往叶面上喷水，提高空气湿度，让文竹更加新鲜翠绿。对土壤的要求严格，排水良好、富含腐殖质的沙质土壤为佳。

一般在春季对文竹进行分株繁殖，将丛生的根和茎分成2~3丛，每丛含有3~5枝芽，然后分别栽入盆中，要注意遮阴和保湿。

修剪文竹主要是剪去老茎，这样就能从上面发出新枝，有层次感。在文竹的生长期，还要将枯枝、过密枝、弱枝剪去，这样能使文竹更好地生长。

文竹的意思是

"文雅之竹"，其实它不是竹，但是枝干有节似竹，常年翠绿，且姿态文雅潇洒，不乏竹的青翠劲拔，更彰显文雅风采，常能激起人们淡定自若的心态。

文竹象征永恒，在婚礼用花中，它代表爱情地久天长、婚姻幸福甜蜜。

文竹在夜间可以吸收二氧化硫、二氧化碳等有害物质。此外，它还是人们躲避病毒和细菌的保护伞，它的植物芳香能分泌杀灭细菌的气体，清除空气中的病毒和细菌，减少伤寒、感冒的发生，降低室内二次污染的发生率。如果家里养了宠物，难免会滋生细菌，可以养两盆文竹，既可以杀菌、杀毒，还能美化环境。

文竹也适合放在书房，其文静气息和书卷气息相得益彰。文竹还可以水培，水培文竹比土培容易，夏季的时候每周换一次水，冬季半个月左右，换水的时候记得加入文竹营养液就可以了。

小知识

文竹还有很高的药用价值，以根部入药，能治疗急性气管炎，具有凉血解毒、止咳润肺的功效。

吊兰

　　吊兰是极易栽养的植物品种之一，适应能力强，生性强韧。随便摘下一个分杈插在水里或潮湿的土里就能成活。平时也不需要太多的照顾，只要保持盆土湿润，它就能茂盛地生长。如果你没有养花经验，可以试试吊兰。

　　吊兰的叶尖容易枯萎，会影响观赏效果，因此，要根据情况进行养护。吊兰需要适量的光照，但是要避免阳光直射。吊兰的叶片比较多，因此，需水量大，要经常浇水、喷水。冬季和春季4~5天浇一次水，冬季少量浇，春季量要稍大。夏季和秋季每天早晚各浇一次，还要向叶面和盆周围喷水，这样才能保持盆土湿润、空气潮湿。同时要及时清洗吊兰叶片上的灰尘，这样可以增强其观赏性。

　　栽培吊兰最好是盆大株小，株数多，需水量也多，如果盆小，土壤含水量供应不足，会使叶片枯萎。每年春季或秋季换盆时，要结合株数将小盆换为大盆，同时还要剪掉枯萎的败叶。

　　吊兰四季常青，自然下垂的枝叶非常美观，形似展翅跳跃的仙鹤，古有"折鹤兰"之称，给人优雅淡泊、宁静致远的感觉。

　　俗话说"家种吊兰，污鬼胆寒"。吊兰是净化室内空气最好的植物之一，有"绿色净化器"之称。它能吸收空气中的甲醛、苯乙烯、二氧化碳，分解打印机、复印机所排放的苯，还能"吞噬"尼古丁等，因此，在8~10平方米的房间里放一盆吊兰，就相当于设置了一台空气净化器，在24小时内，可以祛除房间里80%的有害物质。吊兰还能吸收空气中95%的一氧化碳，能将塑料制品、电器散发的一氧化碳、过氧化氮吸收殆尽。

　　吊兰既别致美观，又能净化空气，非常适合放在刚装修好的房间里。一般放在高处的隔架上或是狭窄的空间，悬挂起来更有立体的美感。

常春藤

  常春藤生命力强，耐寒，是非常好养的植物。属于阴性植物，适合放在弱光下，不能受强光直射。夏季应保持盆土湿润，要经常向叶面喷水，冬季3~4天浇一次水。对土壤的要求不严，在湿润、肥沃的沙质土壤中生长良好。

  常春藤生长迅速，栽培很容易成活，只要切下一根枝条，插在湿润的土里，2~3周就能成活。总之，只要放在阴凉的地方，保持通风，浇足够的水，常春藤就会茂盛地生长。

  常春藤寓意情意长存，青春永驻，象征爱情坚贞和信守不渝。送给亲友或恋人，非常得体。

  常春藤是吸收甲醛的冠军，据测定，在24小时的照明下，每平方米的叶片能够吸收1.48毫克的甲醛。常春藤能吸收苯，在8~10平方米的房间里放一盆常春藤，能消灭90%的苯。它还能有效抑制尼古丁中的致癌物质。它的气味有抑菌、杀菌功效，不仅能对付细菌，还能吸收灰尘。据测定，在10平方米的房间里放1~2盆常春藤就能起到净化空气的作用。常春藤能通过叶片上的微小气孔，吸收有害物质，并将之转化为无害的氨基酸和糖分。

  常春藤终年常绿，枫叶形状的叶片和不断伸长的枝蔓都别具特色，利于造型。适合放在书柜、阳台等处，还可以悬挂摆放。平衡感、立体感强，是装饰室内环境的最佳植物。

薰衣草

　　薰衣草喜充足的阳光，如果光照不足，会开花少。但它也无法忍受炎热，因此，夏季要适当遮阴，避免强光直射。薰衣草喜冬暖夏凉的环境，生长的适宜温度为15℃~25℃，在5℃~30℃均可生长。但是不能高于35℃，长期处在38℃~40℃的高温中，顶部的茎叶会变黄。温度低于0℃就会停止生长。薰衣草喜潮湿，但不能长期潮湿，否则会使根部没有足够的空气呼吸而生长不良，严重的会导致植株突然死亡。

　　一次浇水后，要等到土壤表面干燥了，内部还湿润，叶子轻微萎蔫了再浇水。一般在早晨浇水，避开阳光，水不能溅到叶子和花上，否则叶和花容易腐烂，从而导致抵抗力下降，滋生病虫害。喜肥沃、疏松、排水良好的微碱性或中性沙质土。

　　薰衣草的花语是等待爱情。传说，在很久以前，天使爱上了凡间一个叫薰衣的女孩。为了她，天使流下了第一滴眼泪，为了她，天使的翅膀脱落了。虽然天使每天都忍受着剧痛，但他认为只要能和女孩在一起，不管多痛苦都是快乐的。幸福总是短暂的，天使被抓回了天国，删除了他和女孩在一起的那段美好记忆，并被贬下凡间。在贬下凡间前他又流下一滴泪，泪水化做一只蝴蝶飞到了女孩的身边。痴情的薰衣日日夜夜待在天使离开的地方，等待天使归来，最后，化做一株植物。这株植物每年都会开出淡紫色的花，人们称它为"薰衣草"。

薰衣草具有杀虫的功效，能除蚁、蟑、螨等，它散发出的略带甜味的香气能祛除异味、净化空气。此外，它还有提神醒脑、增强记忆、怡情养性、促进睡眠等功效。

将薰衣草的花穗做成干燥花，然后放入洁白、光滑的瓷器中，光亮照人，摆在古色古香的桌子上，既高贵典雅，又显祝运之势。

小知识

薰衣草可以用来沐浴。在温水中放入用纱布包裹的薰衣草，放在浴盆里沐浴30分钟，然后晾干，时间久了，身体就会留有余香，在夏季还能起到杀菌、驱蚊、清汗的作用。

芦荟

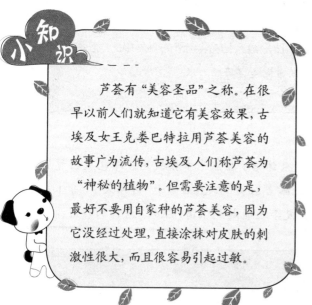

芦荟浑身都是宝,居家生活不能少。它不仅实用价值高,而且生命力顽强,很好养。芦荟喜光照,光照充足,叶子就会生长得很美,但是夏季不能放在阳光下暴晒。也不能过阴,过阴叶片会腐烂。芦荟耐干旱,叶片具有贮水功能,夏天每隔1~2天浇一次水;但忌积水,若盆土过湿,根叶会腐烂。秋后要减少浇水,盆稍干即可。对土壤要求不高,盆栽基质可用腐叶土、塘泥、泥炭土等加部分粗沙土及有机肥混合而成。每年施2~3次复合肥即可。

家庭盆栽的芦荟多用分株法繁育,用利刀把分蘖苗带根切下,然后涂上草木灰移植养护。而生产用的芦荟,多采用组织法繁育。

芦荟有朴实无华、洁身自爱的寓意。

芦荟能吸收甲醛、一氧化碳、二氧化硫、二氧化碳,尤其对甲醛的吸收能力较强,在24小时照明的条件下,可以消除1立方米空气中所含的90%的甲醛。如果芦荟的叶片出现褐色的斑点,说明这些气体超标了。芦荟还能吸收三氯乙烯、氟化氢、硫化氢、苯、乙醚和苯酚等有害物质,并把这些有害物质分解为无害物质。另外,芦荟还能吸附灰尘、除异味、吸收电脑辐射、杀灭细菌等功效。

芦荟适合摆放在卧室、餐厅、客厅、书房等光线明亮而无强光直射的地方。

富贵竹

富贵竹是非常好养的植物之一，不需要过多地照顾，只要有充足的水分，就能旺盛地生长。属于耐阴植物，即使在弱光的条件下，也能生长良好，可以长期摆在室内观叶。如果光照过强，叶片会变黄，生长速度会变慢。炎热的夏季，要经常向叶面喷水，不能过于干燥，否则会使叶尖、叶片干枯。水培也非常容易，把富贵竹的茎秆剪成10~20厘米的小段，插入水中，要露出一部分，有1/3能浸入水中就可以了。在25℃的环境下，15天左右就可生根成活。水培的富贵竹更加清新翠绿、生机盎然，3~4天换一次水。

送富贵竹给亲朋好友或店家、商家开业，表示开运聚财和竹报平安。

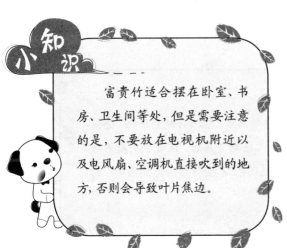

小知识

富贵竹适合摆在卧室、书房、卫生间等处，但是需要注意的是，不要放在电视机附近以及电风扇、空调机直接吹到的地方，否则会导致叶片焦边。

富贵竹能提高室内空气的湿度，具有消毒功能，可以有效吸收废气，制造氧气，改善空气质量，非常适合放在卧室或者不经常开窗通风的房间里。

把富贵竹切成10~15厘米的小段，然后去除叶片，组成塔的形状，放在浅水盆中，就是富贵宝塔。它高贵典雅，有旺上加旺、节节高升的寓意，摆在家中，看着它心情会格外舒畅。

金鱼草

金鱼草喜光，也耐半阴。较耐寒，能抵抗-5℃以上的低温，如果低于-5℃，容易冻死。生长、开花的适宜温度为15℃~16℃，温度过高，不利于金鱼草的生长发育。金鱼草对水很敏感，盆土必须保持湿润。浇水要均匀，不能过干或过湿，过湿会导致根系腐烂，茎叶枯黄凋落。在定植前20天施基肥，常用富含磷、钾、氨的粉料。

金鱼草主要采用播种法繁殖，不过一些优良品种常采用扦插繁殖，扦插一般在6~7月进行。

金鱼草的花形很美丽、可爱，看起来像是金鱼在水里一扭一扭地游动，故名"金鱼草"，在自己的卧室里，放置一盆金鱼草，整个房间的气氛就会变得生动起来。

金鱼草对氟化氢有很强的抗性，能起到净化空气、保护环境的作用。

金鱼草花期长，花形奇特，花色浓艳丰富，非常适合做室内插花，而且观赏期长。

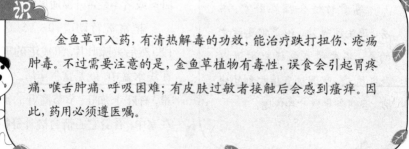

小知识

金鱼草可入药，有清热解毒的功效，能治疗跌打扭伤、疮痈肿毒。不过需要注意的是，金鱼草植物有毒性，误食会引起胃疼痛、喉舌肿痛、呼吸困难；有皮肤过敏者接触后会感到瘙痒。因此，药用必须遵医嘱。

仙人掌

仙人掌是喜光植物，阳光充足有利于其生长，尤其是冬季，更要保证充足的阳光。一般呈高大柱形及扁平状的仙人掌不怕强烈的光照，因此，夏季的时候可以放在室外，不用避阳。耐干旱，适应能力强，新栽植的仙人掌不要浇水，每天喷雾几次即可。15天以后可以浇少量的水，一个月后，仙人掌的新根已经长出来了，可以正常浇水。不干不要浇水，浇水要浇透，浇水量以花盆内不存水，都渗透到土壤里为佳。如果浇水过多，容易引起烂根。冬季气温变低，仙人掌开始进入休眠期，要控制浇水。开春以后，浇水量可逐渐增加。仙人掌对肥料的需求量较少，在春节和秋季，2~3个月施一次肥就可以，冬季不用施肥。

仙人掌很容易成活，把老株旁边的幼株掰下，适当修剪根系，栽入土中即可成活。

传说在造物之初，世界上最柔软的东西就是仙人掌，它像水一样娇嫩，稍微一碰就会失去生命。上帝不忍心它这样死去，于是在它的心上加了一套盔甲，上面还

带有能够伤人的刺。从此以后，没有人能够看到仙人掌的心了，谁要是接近它就会鲜血淋漓。一天，一位勇士决定铲除这伤人的恶物，把仙人掌劈成了两半，却没有看到仙人掌的心，只有绿色的液体从中流出。原来被盔甲封存的仙人掌之心，由于没有人了解它的寂寞，早已化成了滴滴泪水。因此，仙人掌的花语是坚强。

仙人掌以它顽强的生命力，奇妙的结构以及对空气的净化作用，深受人们的喜爱。其肉质茎上的气孔白天是关闭的，夜间的时候会打开，吸收二氧化碳，释放氧气使空气中负离子浓度增加。因此，仙人掌类植物有"夜间氧吧"的美称，非常适合摆放在卧室。仙人掌还可以吸收乙醚、甲醛和电脑辐射，并对空气中的细菌有良好的抑制作用。

仙人掌在辐射源附近可以很好地生长，能减少电磁辐射给人体带来的伤害，因此，在电脑显示器附近，特别是键盘附近放上一盆仙人掌，既能防辐射，还有助于消除疲劳，带给人美的享受。

虽然仙人掌的形状很怪，还带有尖刺，让人望而生畏。但是它的花朵非常娇艳，花色丰富多彩，以花取胜是人们喜爱它的一个重要原因。而它的颜色、形状各不相同的绒毛与刺丛也受到人们的宠爱，特别是一些金黄、鲜红的刺丛与雪白的绒毛品种，更是千姿百态。

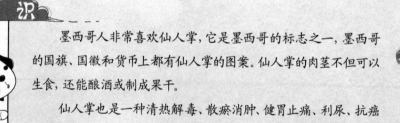

小知识

墨西哥人非常喜欢仙人掌，它是墨西哥的标志之一，墨西哥的国旗、国徽和货币上都有仙人掌的图案。仙人掌的肉茎不但可以生食，还能酿酒或制成果干。

仙人掌也是一种清热解毒、散瘀消肿、健胃止痛、利尿、抗癌的良药。

仙人球

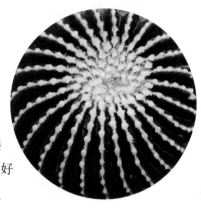

　　仙人球是耐寒、喜干的植物，但是不能在烈日下暴晒。夏季是仙人球的生长期，也是盛花期，要适量浇水，冬天的时候仙人球处于休眠期，盆土要相对干一些，少浇水，或者不浇水，否则会烂根。浇水时水温要与土温接近，掌握"干透浇透，不干不浇"的原则。春、夏季节，最好每隔15天施一次氮、磷、钾混合肥。

　　如果能给仙人球创造一个高湿、适温的局部环境，它会生长得更好，可以在窗台上用塑料膜做个封闭棚，将仙人球放在里面养护，这样不仅生长得快，而且色泽会变得更鲜艳，比较容易开花。

　　仙人球多在夜晚空气比较凉爽、潮湿时进行呼吸，呼吸时会吸收二氧化碳，释放出氧气。在室内放一盆仙人球就如同增添了一个空气清新器，能净化室内空气，是夜间放在室内的理想植物。仙人球还能吸收乙醚、甲醛等装修产生的有毒、有害气体，刚装修完的房子，放几盆仙人球是再好不过的了。此外，仙人球还能吸附灰

小知识

仙人球的寿命很长，有的长达500年，可以长成直径2~3米的巨球，如果在沙漠地区又渴又饿时，可以劈开仙人球的上部，挖食它柔嫩多汁的茎肉，既能解渴，又能充饥。

尘，在室内放置仙人球能起到净化环境的作用。

仙人球成活率高、适应性强，是良好的盆景材料。如果在盆景里放一些大小不等的卵石，看起来会更有美感，而且比较有真实感。

合果芋

合果芋生性强健，对光的适应性强，能适应不同的光照环境，强光处叶片较大，茎叶略成淡紫色；弱光处叶片狭小，色浓而暗；在明亮的散光处生长得最好。阳光太强会灼伤叶片，光线太暗，叶片会变小且无光。夏季遮光50%，冬季不遮光，因为长期光照不足，会导致叶片疯长，叶色变淡，花纹也会慢慢褪去。夏季要多浇水，保持盆土湿润，这样茎叶能更快地生长，冬季合果芋进入冬眠期，要少浇水，盆土不能太湿，

否则在低温环境下很容易叶枯根烂。最适宜合果芋生长的温度为22℃~30℃，低于16℃则生长缓慢，越冬温度不低于10℃。主要采用扦插法繁殖。

合果芋株态优美，色彩清雅，叶形多变，给人悠闲素雅、恬静宜人的感觉。

常见栽培品种有箭头叶合果芋、白纹合果芋、白蝴蝶合果芋、翠玉合果芋、银叶合果芋和粉蝶合果芋等。

合果芋与蔓绿绒、绿萝被誉为天南星科的代表性室内观叶植物。它用漂亮宽大的叶片提高空气湿度，并吸收大量的甲醛和氨气、苯、二甲苯等气体。叶片越多，净化空气和保湿功能就越强。

合果芋适合盆栽于卧室、客厅、书房等处，还可以壁挂栽种，挂在墙上或吊于窗前。

养花小窍门

人们通常用木盆来栽培大型观叶植物。木盆有个优点，就是可以根据实际需要，灵活订制它的规格。内外涂上不同的颜色，不仅可以与植物的色彩协调，还能提高其使用寿命。另外，还有供装饰用的各种套盆，如铁艺套盆、藤制套具、玻璃套盆等。这类套盆很美观，但仅供陈设，不用做栽培。

姬凤梨

姬凤梨喜半阴的环境，可以摆放在室内有散射光的地方，怕阳光直射，如果直射太厉害，会生长缓慢，甚至停止生长。生长期要经常浇水，还要向地面喷水，增加湿度，不能向叶簇喷水，否则会烂叶。生长的适宜温度为20℃~30℃，越冬温度不能低于12℃。喜深厚、肥沃、排水良好的腐叶土或煤烟灰、河沙、锯末、园土的混合土。

常采用分株法繁殖，也可采用扦插法和播种法。分株在春季换盆时进行，将开花母株叶间的萌蘖分离，带根茎切割后栽植，放在阴凉的环境下，非常容易成活。扦插是将母株旁生的叶轴自基部剪下，然后插入沙质土壤中，遮阴养护，在30℃左右的温度下，20天左右就能生根，40~50天左右就可以栽植。播种在春季进行。温度保持在25℃左右，7~15天就能发芽，但是播种苗长得非常慢，3年后才能成株。

姬凤梨被认为能给人带来财运。

姬凤梨能吸收二氧化碳，释放出氧气，还能有效增加负离子，使室内空气清新。

姬凤梨株形美丽，色彩绚丽，是优良的室内观赏植物，可以摆放在窗台、桌面等处，也可以吊挂在室内。

驱蚊草

驱蚊草喜光，除夏季需要适当避阴外，春、秋、冬三季都需要充足的光照，如果光照不足，会在短期内突然落叶。喜温暖的环境，生长适宜温度为10℃~25℃，稍耐寒，在-3℃以上能生存，但是气温在7℃以下、32℃以上对生长不利。3~6天浇一次水，但不能积水，否则叶片会变黄，不久后就会脱落。但是也不能过于干燥，否则会导致干尖或叶片边缘枯焦。

一般15~20天施一次肥。喜偏酸性的土壤。在养护过程中，要及时将黄叶去掉。

驱蚊草有个特点：温度越高，挥发的香分子就越多。夏季蚊虫大量繁殖，温度也高，这时候驱蚊草挥发的香分子也多，蚊虫在很远的地方就能闻到它的味道，会立刻躲到更远的地方。在驱蚊草的生长期，可以随意改变它的枝叶造型，具有较高的观赏价值。

驱蚊草散发的浓郁的柠檬香味，具有驱赶蚊虫的作用。驱蚊草在30厘米高40片叶时，驱蚊效果最好，有效驱蚊范围可达15~20平方米。此外，它还能净化空气，环保特点非常突出。

贴心小提示

驱蚊草有一种很独特的气味，这种气味有的人很喜欢，闻起来很香；但是有些人闻着感觉很痛苦，简直是一种折磨。因此，在购买驱蚊草时，要先闻闻，看自己喜不喜欢它的味道。

散尾葵

散尾葵喜光，也耐阴，置于室内散光处最有利于其生长。冬季要有充足的阳光，夏季要避免强光直射，否则会使叶尖干枯。生长期需要充足的水分，盆土要保持湿润。夏季要及时补水，一天要浇两次水，还要经常向叶片喷水。春、夏、秋三季用加有白糖或啤酒的水喷洒叶片，会使叶片更亮。盆栽土壤常用泥炭土、腐叶土、塘泥加少量有机肥及河沙配制。在生长期要每隔15天施一次肥。越冬温度不能低于5℃，否则叶片容易枯黄。如果散尾葵的叶片发黄，可将植株从花盆中脱出，观察是否有腐烂的部分，如果有，要用剪刀剪掉，然后再用营养土重新栽培。在生产上，散尾葵多采用播种繁殖，家庭多采用分株法繁殖。

散尾葵的外形很像椰子树，因此，又被称为"黄椰

养花小窍门

如果花盆中出现了蚂蚁，将烟丝、烟蒂用热水浸泡1~2天，等水变成深褐色时，取其中一部分洒在植物叶、茎上，剩下的一部分稀释后浇到土里，这样就可以消灭蚂蚁。

子"。它的枝叶细长下垂，株型婆娑优美，姿态潇洒自如，富有挺拔的气势和异国情趣，有"绿衣美男子"之称。

散尾葵终年常绿，是我国重要的室内盆栽观叶植物。散尾葵每天可以蒸发一升水，是室内最好的天然"增湿器"，能清除甲醛、氨等有害气体。据测算，每平方米叶面积在24小时内，能清除1.57毫克的氨、0.38毫克的甲醛。此外，散尾葵对二甲苯有吸收净化作用。

龙舌兰

龙舌兰喜光线充足的环境,夏季要稍遮阴。比较耐旱,干透浇透,每隔1~3周浇一次水即可。夏季要增加浇水量,还要多向叶面喷水,以保持叶片鲜绿柔嫩。秋后,龙舌兰生长缓慢,应控制浇水量,力求干燥,浇水时要注意不能积水,否则会烂根。生长期每月施肥一次,秋后停止施肥。在疏松、透气、排水良好、肥沃的土壤中生长良好,盆栽常用腐叶土、粗沙的

小知识

龙舌兰酒是墨西哥的特产,被称为墨西哥的灵魂。它的原料就是龙舌兰的一种。这种酒的香气独特,口味凶烈。墨西哥人饮龙舌兰酒的方式很独特,他们先在手背虎口上撒上盐,并准备一块柠檬。先舔一口盐,接着把一小杯龙舌兰酒一饮而尽,然后咬一口柠檬片,整个过程一气呵成。

混合土。在早春3~4月换盆时，采用分株法繁殖，将母株托出，把母株旁的脚芽剥下另行栽植即可。也可采用播种法，只是这种方法难度较大，不适合家庭使用。注意及时修剪，去除旁生的蘖芽，以使株型美观。

在中国，由于龙舌兰这名字中有"龙"字，因此，有不畏逆境的含义。印第安人非常喜欢龙舌兰，因为在印第安传说中它是神赐之物。

龙舌兰非常适合家庭栽养，因为它能吸收甲醛、苯和三氯乙烯，在夜间能净化空气，过滤空气中的尘埃和污染，带来一片清新和洁净。据测定，在24小时照明的条件下，在8~10平方米的房间里，一盆龙舌兰能消除70%的苯、50%的甲醛和24%的三氯乙烯。

龙舌兰花色黄绿相间，叶片青翠挺拔，盆栽有较高的观赏价值，放在窗台、阳台或客厅能增添许多别样的景色。花朵膨大，种在粗陶器或彩度低的器皿中会更好看。

小知识

龙舌兰被称为"世纪植物"。原产美洲，在原产地有些种类十年或几十年才能开花，巨大的花序很高，可达7~8米，是世界上最长的花序，淡黄的或白色的铃状花多达数百朵，开花后植株即枯死。

龟背竹

　　龟背竹耐阴，适宜半阴的环境，要避免阳光直射。喜欢湿润的环境，春、秋季每隔2～3天浇一次水，夏天每天都要浇水，还要经常喷水，以保持较高的空气湿度。对土壤的要求是疏松肥沃、吸水量大、保水性好的微酸性土壤，如泥炭土或腐叶土。生长期每15天施一次稀释的薄肥。一般采用扦插法繁殖，清明过后，剪取带有两个节的茎，约10厘米，下部留一个或一段气根，横卧在盆土中，露出茎段上的芽眼，放在半阴、温暖处，保持湿润即可。这种方法用时短，而且成活率很高。

龟背竹象征健康长寿（多针对男性而言），有"神龟天寿"之语，此外，典雅大方的风度也令人欣赏。

花谚说："龟背竹本领强，二氧化碳一扫光。"它在夜间有很强的吸收二氧化碳的能力，比其他花卉高6倍以上。白天、晚上都会释放氧气，可以有效提高室内空气中氧气的含量，改善空气质量。此外，龟背竹清除空气中甲醛的效果也十分明显。

龟背竹常以中小盆种植，放在卧室、客厅或书房的一角。其实也可用大盆栽培，放在饭店大厅及室内花园的水池边，颇具热带风光。

小知识

送花草的技巧

祝寿：送万年青或龟背竹，万年青象征"永葆青春"，龟背竹象征"健康长寿"。

热恋中的男女：送百合花、玫瑰花或桂花。这些花芳香、雅洁、美丽，象征爱情。

祝贺友人生日：送石榴和月季，象征"火红年华，前程似锦"。

祝贺新婚：用玫瑰、香雪兰、郁金香、百合、非洲菊等，可适当加入几支满天星。

节日期间看望亲朋：送吉祥草，有"幸福吉祥"之意。

夫妻互赠：最好送合欢花，因为合欢花的叶两两相对，晚上合抱在一起，象征"夫妻永远恩爱"。

朋友远行：送芍药，芍药有难舍难分之情。

拜访德高望重的老者：送兰花，因为兰花有"花中君子"的美称，象征品质高洁。

新店开张、公司开业：送紫薇、月季、发财树、元宝树等，寓意"财源茂盛，兴旺发达"。

落地生根

　　落地生根喜阳光充足的环境,但是盛夏要遮阴,避免强光直射,以免叶缘的色彩消失。比较耐干旱,土壤不干不浇,不用担心会干死。夏季浇水稍多,保持盆土湿润,但不能积水。秋季气温开始下降,要减少浇水量。冬季开花要少浇水。生长期每月施肥1~2次,不能过勤,否则会旺长,甚至造成植株腐烂。越冬温度不能低于0℃。对土壤的要求很低,以富含腐殖质、排水良好的土壤为佳。当茎叶生长过高时,要及时摘心压低株型,促其多生枝。落地生根的繁殖力很强,因此,要注意拔除多余的小芽,以保证大株的生长。

　　落地生根常采用不定芽、扦插和播种法繁殖。不定芽繁殖非常简便,直接将叶缘生长的不定芽剥下来,栽植在盆中就可以了。扦插在5~6月进行,将叶片平放在沙

床上，紧贴着沙，保持湿度。插后7天左右就能长出小植株，长出后切割移入盆中。

它的种子比较小，播后不覆土，15天左右就能发芽，而且发芽率很高。

落地生根生命力顽强，象征着家庭繁衍不息，能给人生生不息的感觉。

落地生根能在夜间释放出氧气，净化空气。

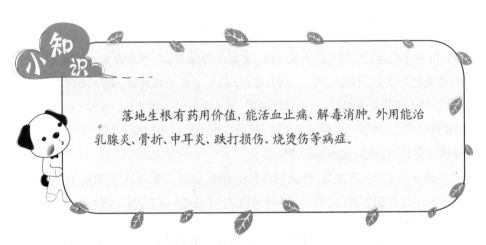

落地生根有药用价值，能活血止痛、解毒消肿。外用能治乳腺炎、骨折、中耳炎、跌打损伤、烧烫伤等病症。

孔雀竹芋

孔雀竹芋喜半阴的生长环境，放在室内明光、散光充分的地方生长最好。要避免阳光直射，否则会引起叶缘枯焦。但也不能长期光线暗淡，否则叶片会失去光泽。孔雀竹芋适宜在温暖、湿润的环境中生长，盆土要保持湿润，不能发干，但也不能使盆内积水，可经常进行喷雾。对土壤的要求不严格，以疏松、肥沃的土壤为佳，不要用黏重的园土。多采用分根的方法繁殖，一般在初夏进行，也可以采用扦插的方法。

孔雀竹芋终年常绿，又具有独特的金属光泽，褐色斑块犹如开屏的孔雀，因此得名。它的花语是"美的光辉"，既寓意环境的美，也意味着爱花人、养花人的美。

孔雀竹芋能有效清除空气中的有害物质，据测定，每平方米植物叶面积24小时可以清除2.91毫克的氨和0.86毫克的甲醛。

孔雀竹芋色彩清新、柔和、华丽，具有较高的观赏价值。如果能提供良好的背景加以衬托，会更加美丽动人。

小知识

阳性植物：通常在较强的光照下，才能旺盛地生长。一两年生的花卉大多为阳性植物。

中性植物：喜光，稍耐阴，不宜强光照射。很多宿根花卉、多年生花卉，如秋海棠、鸢尾等都属于中性植物。

阴性植物：喜阴蔽，在散光下生长良好，但是忌强光直射。如杜鹃、龟背竹、山茶、绿萝、常春藤、蕨类等都属于阴性植物。

书房的健康植物

书房是人们工作、学习的地方，在这里长时间的阅读容易造成眼睛疲劳。因此，在书房里摆放几盆花草，既能缓解疲劳，提高工作、学习的效率，还能使书房充满生机，让人在伏案时也能感受到自然之美。

另外，书房还是文化品位的象征，摆放的花草最好也是脱俗、文雅的，从而营造出一种优雅而宁静的气氛。

书房花草的摆放

　　书房里一般不摆放大型的花卉，可以在书桌上摆放中小型的花草，如君子兰、红掌等。也可以在窗台边摆放时令花卉，如冬季水仙、春季春兰等。还可以在书架顶部摆放悬垂式或半悬垂式花草，如常春藤、吊兰等。

　　需要注意的是不要摆放香味过浓的花卉，如夜来香、郁金香等，因为人与它们接触久了会头晕，影响看书效果。

书房常见污染

◎ 装修带来的有害气体；

◎ 室内不通风，造成有害气体的积聚；

◎ 灰尘；

◎ 电脑的辐射；

◎ 打印机、复印机排出的有害气体。

君子兰

　　君子兰喜半阴的生长环境，要避免阳光直射。没有光也不行，因为光线不足，叶片会徒长，花色暗淡，甚至不开花。叶子伸展方向要与光照方向平行，每周都要转换一次花盆的方向，转动180度。使叶片均匀受光，可保持植株匀称丰满，叶片排列整齐美观，侧视一条线，正视如开扇。

　　君子兰喜温暖、湿润，怕炎热、干燥。浇水要适量，太少会影响其生长，太多会导致烂根。夏季要经常喷水，既除尘又降温，还能增加空气湿度。在15℃~25℃的温度条件下生长良好，超过30℃植株就会处于半休眠状态，生长缓慢。在疏松肥沃、富含腐殖质的土壤中生长良好。选用80%的腐叶土加20%左右的河沙配成疏松透气、渗水性能好的培养土，利于养根。一般采用播种法繁殖，也可采用分株法。

　　君子兰的拉丁文名字含有美好、高尚、富贵、壮丽的意思。我国《辞源》称"有才德的人为君子"。君子兰的命名，代表着它君子般的品质和风采。它丰满的花朵、艳丽的色彩，象征着繁荣昌盛、富贵吉祥和幸福美满。光滑、厚实的叶

片直立似剑，象征着威武不屈、坚强刚毅的高贵品质。

君子兰宽大肥厚的叶片，有很多绒毛和气孔，能分泌许多黏液，经过空气流通，能吸收大量的灰尘、粉尘和一氧化碳、二氧化碳、硫化氢等有害气体，过滤室内混浊的空气，使空气洁净。因而君子兰被誉为理想的"除尘器"和"吸收机"。

君子兰还被人们誉为"金钱花"、"有生命的艺术品"，用它来美化居室是物质富有和精神文明的美好象征。

将君子兰陈设在书房，摆放在茶几、书案之上，阳台、窗台之前，它的叶片在灯光或阳光的照射下，闪闪发光，让人油然生情。好花要配好盆才行。君子兰是肉质根，喜欢通透性好的土陶瓦盆，但是瓦盆比较粗糙，不够美观。可用紫砂盆或瓷质盆，选择通透性好的泥炭土或腐叶土，君子兰也能很好地生长。在君子兰盆旁适当放一些观赏价值较高的工艺品，可以为你的居室增添一份自然和艺术的美感。

杜鹃

　　杜鹃喜半阴的环境，在散光下生长良好，要避免强光直射，否则嫩叶易被灼伤，新叶和老叶会焦边，严重的还会导致植株死亡。杜鹃生长的适宜温度为12℃～25℃，既不耐热也不耐寒，夏季如果气温超过35℃，叶子就会生长缓慢，处于半休眠状态。冬季如果温度低于5℃，就会停止生长，低于0℃，就容易发生冻害。

　　从3月份开始，要逐渐增加浇水的次数，尤其是夏季，更不能缺水，要保持盆土湿润，但是不能积水，否则会影响植株的正常生长。9月以后减少浇水。能否养好杜鹃，关键要看施肥是否合理。它喜肥，但是不喜浓肥。在生长期每10天左右施一次薄肥。喜肥沃、疏松、富含腐殖质的酸性沙质壤土。

　　蕾期要及时摘蕾，这样能使养分集中供应。在春、秋季要修剪枝条，将过密

枝、交叉枝、重叠枝、病弱枝剪掉，及时摘除残花。多采用扦插法繁殖。这种方法具有操作简单、成活率高、生长迅速等优点。

杜鹃花很美丽，有淡红、深红、玫瑰、白、紫等多种颜色。五彩缤纷的杜鹃花，象征着国家的繁荣富强和人民的幸福生活，也唤起了人们对美好生活的向往，深受人们喜爱。

杜鹃的叶片长满了绒毛，能吸附灰尘，它还是天然的加湿器，能使室内的湿度以自然的方式增加。

长寿花

　　长寿花对光照的要求不高，在全日照、半日照和散射光的条件下都能正常生长，以阳光充足为佳，但夏季中午要适当遮阴，避免强光直射，否则会导致叶色发黄。但也不能过阴，因为光照不足，不仅枝条细弱，叶面薄，而且开花少，花色不鲜艳，还会引起叶片脱落，影响观赏价值。长寿花具有向光性，因此，在生长期要经常调换花盆的方向，调整光照，使植株均匀受光。长寿花不耐寒，生长的适宜温度为15℃~25℃。夏季温度超过30℃，会阻碍生长；冬季温度低于5℃，叶片容易发红，导致花期推迟。

长寿花为肉质植物，体内含有大量水分，耐干旱，因此，不需要大量浇水，春季每3～4天浇水一次，保持盆土湿润即可。如果过湿，容易烂根。夏季每天浇水两次，冬季低温时要控制浇水，等土壤干燥后再浇，浇到水从盆里流出为止。生长期每15天左右施一次富含磷的稀薄液肥，冬季停止施肥。长寿花对土壤的要求不高，以肥沃的沙壤土为佳。生长期要及时摘心，促使分枝。花谢以后及时摘掉残花，以免浪费养料。

常采用扦插法繁殖，扦插在每年的5～6月或9～10月进行。选择成熟的肉质茎，剪下5～6厘米长，插在沙壤土中，浇水后用塑料薄膜覆盖，温度保持在15℃～20℃，15天左右就能生根，30天后即可进行盆栽。

长寿花极具观赏价值，是冬季理想的室内盆栽花卉。顾名思义，有长寿、福气、大吉大利和保佑家庭平安的意思，在节日里送给亲朋好友，尤其是老年人，非常合适。

长寿花植株小巧玲珑，小花繁密、素雅，叶片翠绿，惹人怜爱。花期正值圣诞、元旦和春节，非常适合布置在书桌、案头，和外面荒凉的冬季形成对比，能给室内增添几分春色和温馨。

红掌

红掌耐阴，但是也需要阳光。调查显示，如果光照增加1%，红掌的产花量也随着增加1%。阳光充足有利于它生长和开花，但是要避免阳光直射。夏天，如果将红掌放在室内，要放在房间的阴面，或者是有反射光的地方。如果是放在室外，则要放在阳光直射不到的地方，如树阴下或阴凉的地方。冬天可以放在房间的阳面。要保持盆土湿润，干燥季节要经常往叶面喷水。红掌对温度比较敏感，喜温暖，最适宜的生长温度为19℃~25℃。如果温度高于35℃，叶面会出现灼伤。如果低于13℃，植株就会停止生长。一般采用分株法繁殖。

在希腊文中，红掌名为"安世莲"，译为"有尾的花"。它像一只伸开的手掌，而且是红色的，故名红掌。更奇特的是它的掌心有一条金黄色的肉穗，专业叫法为"佛焰苞"，非常美丽。红掌颜色鲜红，给人红红火火的感觉，非常吉利，人们认为它会给养花人带来好运。

红掌对甲苯、二甲苯、甲醛等有较强的吸收能力，对氨有一定的吸收能力。用低浅的花瓶，把红掌和紫色或白色的小花一起插养，放在居室里，会使你的居室尽现雍容华贵的气派，为人们的生活增添魅力和光彩。

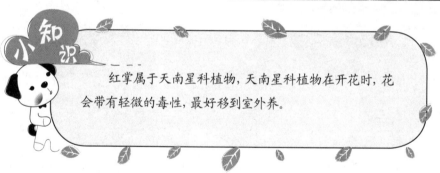

小知识

红掌属于天南星科植物，天南星科植物在开花时，花会带有轻微的毒性，最好移到室外养。

雏菊

雏菊生性强健，喜阳光充足的环境，不耐阴。喜冷凉环境，耐寒，可耐−4℃的低温。但不耐高温，天气炎热时开花不良，易枯死。浇水不必过勤，每7~10天浇一次水，生长期要适当增加浇水量。一个月左右施一次薄肥，开花后停止施肥。用播种法繁殖。一般在秋季播种，一周左右出苗。

雏菊又称"玛格丽特"，在16世纪时，挪威的公主玛格丽特非常喜欢这种清新脱俗的小白花，就用自己的名字为此花命名。玛格丽特也因此有了"少女花"的别称，象征着少女情窦初开般的梦幻恋情，深受少女喜爱。

玛格丽特花期长，花朵数量多，有青春年华活力充沛之意。

花谚说："雏菊万年青，除污染打先锋。"雏菊能吸收家电、塑料等散发出来的有害气体，还能有效去除干洗机所散发出来的三氟乙烯。

　　将多种花色的雏菊以组合盆栽的方式种植，可表现整片缤纷的原野风情。将带茎剪下的花朵，插在花瓶中，能为你的居室带来舒爽可人的梦幻气息。

小知识

　　"他爱我？他不爱我？他爱我？他不爱我……"相传只要手持雏菊，每摘下一片花瓣，就在口中默念一次，数到最后一片时，就能判断出他到底爱不爱你。

　　传说终归是传说，不一定可信。但是如果你的身边有女孩这样做，请不要嘲笑她，因为她只是希望爱神到访，能得到自己想要的爱情，并祈求这份恋情能长长久久。

　　告诉少女们一个小秘诀：玛格丽特的花瓣大多都为奇数，因此，如果从"他爱我"开始默念，最后得到的答案一般都是令人喜悦的。

扶桑花

扶桑花喜光，如果光照不足，花蕾容易脱落，花朵变小，花色变得暗淡。喜温暖，越冬的适宜温度为8℃~10℃，不耐寒，即使是短期的低温，也容易受冻。喜水分充足的湿润环境，特别是夏季要经常向叶面喷水。扶桑花对土壤的要求不严格，在排水良好和肥沃的土壤中生长旺盛。生长期每月施一次肥，花期增施2~3次磷钾肥。每年春季都要换盆，换盆时要进行修剪整形。

不要听到"扶桑"这个名字，就认为它产自日本，其实它是马来西亚的国花，也是夏威夷的州花。看到扶桑花就会令人想到腰挂草裙的美女和碧海蓝天的沙滩，它象征着新鲜的恋情、微妙的美。据说，如果土著女郎把扶桑花插在右耳上方，表示"我已经有爱人了"，在左耳上方表示"我希望有爱人"，有人会迫不及待地问，如果有人两边都插了呢？那大概表示"我已经有爱人了，但是希望再多一个"吧！

扶桑花的外表看起来非常热情豪放，但是花心却很独特，是由多数小蕊连结起来，包在大蕊外面所形成的，结构非常细致，有"热情的外表下隐藏了一颗纤细的心"之意。

扶桑花能够吸收空气中有毒的苯和氯气，非常适合放置在有打印机和复印机的房间里。

小知识

扶桑花可以食用，但多作药用，叶、花、茎、根均可入药，主用根部。扶桑花有化痰、清肺、解毒、凉血、消肿、利尿的功效，适用于乳腺炎、肺热咳嗽、月经不调等病症。

马蹄莲

　　马蹄莲喜阳光充足的环境，稍耐阴。如果光线不足则开花少。在养护期间，为了避免叶片过多而影响采光，可适当去除一些叶片，这样也有利于花梗伸出。夏季阳光过于强烈时，要适当遮阴。马蹄莲不耐寒也不耐高温，生长适宜温度为20℃左右，冬季室温应保持在10℃以上。如果温度低于0℃，根茎就会死亡。

　　马蹄莲喜水分充足的生长环境，不耐干旱，稍有积水也不太影响生长。生长期要经常浇水，保持盆土湿润。还要往叶面、地面洒水，以增加空气湿度、降低温度。开花后逐渐停止浇水。每15天左右施肥一次，开花前最好施以磷肥为主的肥料，能控制茎叶生长，促进花芽分化。还要注意的是，不要让肥水沾到叶面或流入叶柄内，以免引起腐烂。为了防止意外发生，施肥后最好马上用清水冲洗。喜肥沃、疏松、富含腐殖质的黏壤土。主要采用分球法繁殖，也可播种繁殖。

马蹄莲清雅美丽，花苞片洁白硕大，而且形状很奇特，很像马蹄，故而得名。它的花语是纯洁、永恒，象征着高贵、高洁、忠贞不渝、永结同心、吉祥如意。

马蹄莲对烟比较敏感，油烟、煤烟都会使它生长不良，会使叶子变黄，严重的还会落花，因此，可以用它来检测空气的质量。

马蹄莲春、秋两季开花，花朵美丽，是装饰书房、客厅的良好盆栽花卉。也可以用做切花，插入瓶中，经久不衰，放在书桌上，看上去非常高雅。

小知识

马蹄莲全株有毒，内含大量草本钙结晶和生物碱，误食会引起呕吐、昏迷等症状。

石莲花

石莲花喜温暖干燥、阳光充足的环境，光照不足，会出现植株徒长，叶片稀疏的现象，影响观赏价值。夏季高温时，要适当遮阴，避免强光直射。浇水坚持"不干不浇"的原则，夏季高温时，也不要多浇水，可以向植株四周洒水，以降低温度，增加湿度。但不要往叶丛中心洒水，否则会烂心。冬季更要少浇水，要保持盆土干燥，如果盆土过湿，根部易腐烂。生长期每月施肥一次。对土壤的适应性强，在疏松、肥沃、排水良好的沙质壤土中生长良好。

石莲花的叶片肥厚，色彩粉蓝略带红色，温润晶莹，莲座状排列，酷似池中盛开的一朵莲花，因此得名。又因莲花为佛教界之莲台佛座，又被称为"神明草"。石莲花还被誉为"永不凋谢的花朵"。

石莲花的气孔白天关闭，夜晚打开，能吸收二氧化碳，并释放出氧气，有净化空气的作用，在室内摆放1~2盆，对身体健康非常有益。

石莲花终年碧绿，形状典雅别致，深受人们的喜爱，而且它不需要太多的呵护，就能旺盛地生长，非常适合家庭栽培。用它来点缀阳台、书桌、茶几，清新悦目，充满趣味。

小知识

以前，人们生活水平低，很少吃肉，因此，没听说过尿酸症，现在不一样了，人们经常大鱼大肉，因此，得这种病的人也越来越多，石莲花是治尿酸症的药草之一。它还是治高血压的生鲜食物，可直接把它的叶片摘下来洗干净，放在口中嚼食，非常方便。因此，尿酸、高血压患者在家中养一盆，可放在阳台观赏，并经常摘食，这样对身体健康非常有益。

吊竹梅

　　吊竹梅喜半阴的环境，要避免强光，受散光即可。喜温暖湿润，生长期要保持盆土湿润，每天都要浇水一次，还要经常往叶面喷水。冬季减少浇水量。对土壤要求不高，生长期每月施一次肥即可。为了使植株的造型更加美观，要经常修剪过长的枝条。茎长到20~30厘米时，要进行摘心，以促使分枝。一般采用扦插法繁殖，摘取粗壮的茎插在湿沙中，成活率很高。

　　吊竹梅叶色美丽，叶面斑纹明快，显得美丽、大方，深受人们喜爱。吊竹梅的花语是"舒服"，非常适合送给亲朋好友。

　　吊竹梅能在6小时内，吸收掉室内地板、天花板和家具散发出的甲醛，还有较强的抗污染能力，吸附室内的灰尘，保持空气清新，让你生活的环境清爽宜人。

吊竹梅叶片小巧玲珑，非常可爱，可以悬挂摆放，占用的空间很小，非常适合美化书房、卧室、客厅。养一盆吊竹梅，能给你的生活增添很多情趣。

吊竹梅也可以水培，操作简单，容易成活，一年左右就可以长成一大盆，如果及时修剪，则会成为一道独特的风景。

贴心小提示

吊竹梅也可作为药用，有凉血止血、清热解毒、利尿的功能，可用于急性结膜炎、咽喉肿痛、白带、毒蛇咬伤等的治疗。

玫瑰

　　玫瑰喜光，应该放在阳光充足的地方。全日照或每日6小时以上，有利于生长、开花。耐旱，可两天浇一次水，春旱和盛夏时，一天浇一次。浇到土壤湿透，水从盆底流出。对土壤要求不高，喜肥沃、排水良好的沙质土。在生长期每隔10~15天施一次稀薄肥水。生长的适宜温度为12℃~28℃，耐寒，在-20℃的低温下能安全过冬。一般采用分株法繁殖，非常容易成活，因此，有"离娘草"之称。也可以采用播种、扦插等方法繁殖。

　　玫瑰是爱情的象征，是情侣的最爱，具有成熟而不艳俗、自信兼具娇柔的气质。

不同颜色的玫瑰代表不同的花语：白玫瑰代表纯洁天真；红玫瑰代表热情真爱；黄玫瑰代表歉意；粉玫瑰有青春亮丽；蓝玫瑰代表善良忧郁；紫玫瑰代表浪漫真情；黑玫瑰代表温柔真心。

玫瑰的叶子能吸收氟化氢、氯气等有害气体。玫瑰花产生的挥发性油类具有显著的杀菌功效。

花开了七八分可剪下插在花瓶中，摘除水下叶片，往水中滴入1~2滴白醋，既能杀菌，还有利于保存。放在通风处，避免阳光直射，每天换一次水，观赏期可达7天。

小知识

玫瑰花语

1朵玫瑰：你是我的唯一，我的心中只有你

2朵玫瑰：二个人的世界

3朵玫瑰：我爱你

7朵玫瑰：暗恋你

8朵玫瑰：谢谢你的爱

9朵玫瑰：长久的爱

10朵玫瑰：你是我十全十美的恋人

11朵玫瑰：一生一世

12朵玫瑰：对你的爱与日俱增

18朵玫瑰：真诚与坦白

19朵玫瑰：忍耐与期待

20朵玫瑰：爱你，我的真心

21朵玫瑰：真诚的爱

22朵玫瑰：与你双双飞，好运

25朵玫瑰：幸福

30朵玫瑰：有缘

36朵玫瑰：浪漫

40朵玫瑰：誓死不渝的爱情

99朵玫瑰：天长地久

100朵玫瑰：百分之百的爱

101朵玫瑰：最爱

108朵玫瑰：求婚

365朵玫瑰：天天想你

999朵玫瑰：爱无止境

1001朵玫瑰：直到永远

薄荷

薄荷适应性强，不需要太多的呵护就能很好地生长，非常适合养花新手栽培。喜阳光充足的环境，生长适宜温度为20℃～30℃，耐寒能力强。需要丰润的水分，要保持盆土湿润，尤其在生长期的水分对其影响比较大，需要的水分相对多一些，开花期不需要太多的水分，土壤要干燥些。喜疏松、肥沃、排水良好的沙质土壤。可采用扦插法和分株法繁殖。

在希腊神话中，冥王爱上了美丽、善良的精灵曼茜，冥王的妻子知道后非常生气，就将曼茜变成了一株长在路边的小草，这株小草非常不起眼，经常受人踩踏。可是坚强的曼茜自从变成小草后，身上就拥有了一股迷人的芬芳，越是被摧折踩踏，香味就越浓烈，因此，受到了人们的尊重和喜爱。这种草就是薄荷。

薄荷带有清凉的香味，低调而不张扬，却充满希望。在人的一生中，难免会错

过一些人，但遗憾的是，一旦错过，就很难再次相遇、相爱，越得不到就越是思念，让人痛苦不堪。薄荷虽然看起来很平淡，但是它的香味沁人心脾，清爽从每个毛孔渗入肌肤，让人有一种淡淡的幸福感，曾经失去的变得不重要，心灵得到了一丝安慰。因此，薄荷的花语为"愿与你再次相遇"。

薄荷有极强的抗菌、杀菌作用，还能缓解疲劳，在累的时候闻闻薄荷的香味，顿时就能感觉头脑清醒，神清气爽，心情愉快。

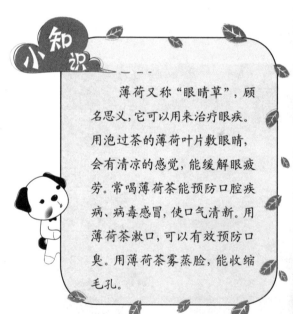

小知识

薄荷又称"眼睛草"，顾名思义，它可以用来治疗眼疾。用泡过茶的薄荷叶片敷眼睛，会有清凉的感觉，能缓解眼疲劳。常喝薄荷茶能预防口腔疾病、病毒感冒，使口气清新。用薄荷茶漱口，可以有效预防口臭。用薄荷茶雾蒸脸，能收缩毛孔。

绯牡丹

绯牡丹喜阳光充足的环境。光照充足，则球体鲜红，但夏季要注意适当遮阴，避免强光直射。不耐寒，生长的适宜温度为15℃~26℃，冬季温度不能低于15℃。耐干旱，即使在生长期间也不能浇太多水，但长期缺水或供水不足也会影响其生长，一般情况下，每1~2天往球体喷水一次，这样可使球体更加鲜艳、清新。每15天左右施肥一次，冬季不用施肥。对土壤的要求不严，在富含腐殖质、排水良好的土壤中生长良好。

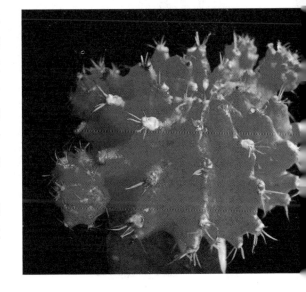

绯牡丹又名红球，为仙人掌科多年生肉质植物。因其球体鲜红，鲜艳夺目，形似牡丹而得名。

绯牡丹球体上的气孔白天是闭合的，夜间打开，能吸收二氧化碳，制造出氧气，净化空气的能力强，使室内空气中的负离子浓度增加，对人体健康非常有利。

绯牡丹球体美观，光彩夺目，非常诱人，夏季开出粉红色花朵，美不胜收。可以用来点缀阳台、书桌、书柜、案头。

水仙

水仙多为水养。将经催芽处理后的水仙直立放入浅盆中，加入清水，水淹没鳞茎1/3即可。为了防止鳞茎移动，可以用鹅卵石、石英砂等将其固定。需要充足的光照，白天要放在向阳的地方，夜间要放在灯光下。为防止叶片徒长，晚上要将盆内的水倒掉，第二天早晨再加入清水，不要随便移动鳞茎的方向。刚上盆的时候，每天都要换一次水，以后可2~3天换一次。花苞形成后，7天换一次。生长适宜温度为12℃~15℃，一个半月左右即可开花，花期可保持一个月之久。不需要任何花肥，只用清水即可。

水仙根如银丝，纤尘不染；叶姿秀美，碧绿葱翠；花朵秀丽，花香浓郁，清秀

典雅，婀娜多姿，格外动人。亭亭玉立于清波之上，宛如仙子踏水而来，故有"凌波仙子"的雅号。

水仙对氯气、氯化氢、二氧化硫等有害气体有较强抗性。能在夜间吸收二氧化碳，释放出新鲜的氧气。

水仙所求的很少，只有清水一盆，它不害怕严寒，始终生机盎然。新年的时候，在室内摆上一盆，不仅能为节日增添光彩，还能给人带来一份绿意和温馨。

水仙全草有毒，鳞茎的毒性最大。如果误食，会出现腹痛、腹泻、恶心、呕吐、出冷汗、体温上升、呼吸不规律、虚脱等症状，严重的会发生痉挛，甚至麻痹死亡。

罗汉松

罗汉松在半阴的环境下生长良好，夏季要避免强光直射。耐寒性差，冬季要注意防寒。生长期要保持盆土湿润，冬季减少浇水。每两个月施一次肥。喜肥沃、排水良好的沙壤土。

罗汉松常用扦插法和播种法繁殖。扦插在春、秋两季进行，春季要选择休眠枝，秋季选择半木质化嫩枝，剪下12~15厘米插入沙土中，两个月左右即可生根。如果播种的话，应在8月采种后即播，10天左右发芽。

相传在明朝，一位自幼在少林寺习武的僧人为了精进武艺，便云游四海。一天他来到紫云山，看到崖边有一棵松树，它孤绝而立、云气缥缈，于是便就地苦思，十年过去了，僧人终有所成，造诣更上一层楼，再次回到少林寺被尊为"护寺罗汉"，后来人们就将那棵松树称为"罗汉松"。

罗汉松寿命很长，生长极慢，"路遥知马力"是它的最佳写照。因此，有净心修

炼、刻苦精进的寓意。求学的道路上难免会遇到瓶颈，如果急于成功而心浮气躁、性情紊乱，容易误入歧途。沉着稳健的罗汉松，会适时地提醒你静下心来，注重点滴累积。

罗汉松能净化空气、清心养神。

小棵罗汉松直挺有劲，配以简单素雅的花盆摆放在书桌上，工作、学习感到累了，需要喘口气歇息时，罗汉松会随时给你清新的空气，让你顿时感觉特别清爽，再次投入工作、学习效率会更高。

蟹爪兰

    蟹爪兰是典型的短日照植物，喜半阴环境，夏季要避免强光直射，以免灼伤叶片，使茎叶枯黄。夜间不适合放在灯光下，否则会影响孕蕾。生长期要保持盆土湿润，如果环境比较干燥，可每天早晨向叶面喷水。冬季每月浇水一次即可，但是要浇透。喜肥沃、排水良好的土壤，适宜生长在泥炭土和腐叶土中，怕煤灰、生煤土。坚持"薄肥勤施"的原则。蟹爪兰不耐寒，越冬温度不低于10℃。开花后放在凉爽的环境中，能延长花期。

    蟹爪兰向光性很强，在养护过程中，不要频繁改变它的向光位置，否则会影响其长势，特别是在孕蕾期间，如果改变了向光位置，容易引起哑蕾和落蕾现象。

蟹爪兰常采用扦插和嫁接法培植，全年均可进行扦插，以春、秋季为佳。嫁接最好在5~6月和9~10月进行。砧木用虎刺或量天尺，嫁接后放在阴凉的地方，如果嫁接后10天接穗仍然保持新鲜，说明已愈合成活。嫁接后的蟹爪兰有株型大、寿命长、抗病能力强的特点。当年嫁接新枝，能开20~30朵花，培养2~3年，一株能开上百朵。

蟹爪兰姿态高雅，因节径连接形状很像螃蟹的副爪，故而得名。被人们赋予坚强、刚毅、运转乾坤、鸿运当头等含义。摆在室内显得热烈、喜庆，开花正值冬末初春，又给人们增加了节日的欢快气氛。在欧洲等国正值圣诞开花，故又被称为"圣诞仙人掌"。

蟹爪兰对氯化氢、二氧化硫等气体有较强的抗性，在夜间能吸收二氧化碳，并释放出氧气，净化空气，提高空气质量，带给人清新的感觉。此外，蟹爪兰还能吸收大理石释放出的汞。

蟹爪兰株型垂挂，花色鲜艳可爱，花期较长，造型容易，可制作成吊兰悬挂在门廊入口处，热闹非凡，顿时满室生辉。

红背桂

红背桂喜湿润，不耐干旱，要保持盆土湿润，生长期要经常浇水，还要往花盆周围喷水，以增加空气的湿度而使温度降低。冬季要减少浇水的次数，7~10天浇一次即可，以偏干一些为好，过湿会烂根。但也不能过干，否则叶子会变黄，严重的会导致植株死亡。生长期每月施1~2次含氮磷钾的复合肥，花期可加喷两次0.2%的磷酸二氢钾溶液。冬季不需要施肥。喜半阴的生长环境，放在散射光下可保持叶色浓绿，夏季要避免强光直射。生长的适宜温度为15℃~25℃，不耐寒，越冬温度要保持在0℃以上。

红背桂主要采用扦插法繁殖，在春、秋两季进行，剪取10厘米左右的一年生健壮枝条，然后除去一些叶片，插入粗沙中，保持湿润，一个月左右即可生根，成活率很高。两年换一次盆，根据植株的大小来选择盆，千万不要用大盆种小苗，这样不仅长不好，还容易烂根。

红背桂的叶子非常奇特，表面为绿色，背面为紫红色，观赏价值很高。

红背桂是天然的除尘器，其植株上的纤毛能截留并吸附空气中飘浮的微粒及烟尘。如果在房间里摆放两盆，那么，房间中的细菌和浮尘的含量会大大减少。

红背桂植株矮小，枝条非常柔软，自然的弯曲成一定弧度，配以瓷盆，看上去清新自然，非常美观。

紫罗兰

紫罗兰稍耐阴,阳光要充足,否则易生虫害,但要避免强光照射。较抗旱,不要往叶面喷水,特别是在傍晚。花期需水量相对大些,长出花苞后不要缺水,否则会影响开花。耐寒,冬季能耐短暂的−5℃低温。喜欢凉爽、通风良好的环境。需疏松肥沃、排水良好的土壤,施肥不能太多,否则开花少。一般采用播种法繁殖,不过需要注意的是栽植或移植时要带土,少伤根,这样有利于成活。

紫罗兰是欧洲名花,象征永恒的

美丽。法国人外出旅行前要送亲人一束
紫罗兰,意思是"我会回来"或"请等
我"。在希腊神话中,紫罗兰是"爱情
花"。传说女神维纳斯因爱人远行而落
泪,在第二年,泪珠散落的地方长出了
美丽芬芳的花,那就是紫罗兰。

　　紫罗兰能吸收二氧化碳,对硫化
氢、二氧化硫等有害气体有较强的抗
性。对氯气敏感,可作监测植物。花朵
散发的挥发性油类具有显著的杀菌作
用能保护呼吸系统。

　　紫罗兰的香气可使人身心放松,给
人愉快的感觉,有利于提高睡眠质量和
工作效率。

　　紫罗兰在5~6月间盛开,花朵茂
盛,花色艳丽。它香气芬芳,把它种
植在窗台下,芬芳的香气就会飘到屋
子里。

虎尾兰

虎尾兰有很强的适应性，既喜欢阳光，又耐阴，但夏季要避免阳光直射，也不能长时间置于暗处，否则叶子会变得暗淡。耐旱，不用总浇水，否则叶子会变白，干透后浇水为佳。春、夏、秋三季生长旺盛，要充分浇水。冬季要控制浇水，保持土壤干燥，但一定不要积水，否则叶片会腐烂。

一般使用分株法繁殖，在每年春季换盆时，将过密的叶丛分成若干丛，每丛除带叶片外，还要有一段根状茎和吸芽，然后分别栽种。也可以采用扦插法，将老熟的叶片剪成10厘米左右的小段，然后插于沙土中，一个月后可长出不定根及不定芽，但注意金边虎尾兰不能用扦插法，以免金边消失。

虎尾兰叶形似箭，叶片浅绿，正反叶面上有白色和深绿相间的"虎尾"状横向斑纹，表面有很厚的蜡质层，故名"虎尾兰"。虎尾兰是最抗辐射的植物，培育虎尾兰的人在和它接触的过程中，常常能感受到一种振奋的精神。喜欢在办公室摆放虎尾兰的人，通常也是一个热情、敢于迎接挑战的人。

虎尾兰被称为"居室治污能手"，一盆虎尾兰能吸收8~10平方米房间内80%以上的有害气体，在15平方米的房间里放两盆虎尾兰，就能有效地吸收房间里释放的甲醛气体。开启电脑和电视机时，室内的负离子会快速减少，如果室内有虎

尾兰，它会吸收二氧化碳，释放大量的氧气，使室内氧气中的负离子浓度增加。它还能吸收大量的铀等放射性元素，清除硫化氢、三氯乙烯、苯酚、苯、乙醚、氟化氢和重金属微粒等。

虎尾兰外形非常优美，放在卧室的桌子上，造型感强。还可以在会议室或办公室里摆放几盆虎尾兰，会显得高贵典雅，尤其是金边虎尾兰，有较高的观赏价值。

厨房的健康植物

一般来说，中国人比较喜欢炸、煎、炒的食物，所以厨房油烟比较大，再加上厨房里温度、湿度的变化比较大，因此，不适合栽种较贵的花草，应选择一些耐油烟、对环境要求比较简单的花草，以及一些小型环保花草，如冷水花、鸭跖草。需要特别注意的是，不要将花粉太多的花放在厨房。

厨房花草的摆放

厨房里的花草可以摆放在食品柜、冰箱、碗柜等上面，也可以采用壁挂式、悬垂式摆放花草的方法。除了摆放花草，也可以利用厨房内一些小型蔬菜，如西红柿、辣椒、绿叶蔬菜等，拼成简单图形，以增加生气。

厨房常见污染

◎ 油烟；

◎ 煤气、液化石油气产生的有害气体；

◎ 家庭用火炉产生的有害气体。

鸭跖草

鸭跖草喜半阴的生长环境，春、秋、冬季可置于阳光充足、通风良好的地方。夏季应避免阳光直射，否则会灼伤叶片。但也不能长期放在阴暗处，否则茎叶会变得细弱瘦小，叶色会变浅。

鸭跖草喜湿润，但冬季要控制浇水，常喷洒即可。要经常擦洗叶片，以免灰尘弄脏叶面，影响观赏价值。鸭跖草对土壤要求不严格，以疏松肥沃、排水良好的土壤为佳。在生长期，每隔15天施一次以氮肥为主的复合化肥。常采用分株、压条、扦插的方法繁殖。

鸭跖草开蓝色的花，上面两瓣下面一瓣，犹如飞舞的蝴蝶。花的寿命很短，只有一天，但它却依然开得美丽大方，有敢爱敢恨之意。

鸭跖草是良好的室内观叶植物，一般摆放在阴凉的窗台或茶几上，能为居室起到很好的点缀作用。它还是吸收甲醛的好手，能有效清除有害气体，起到净化空气的作用。

鸭跖草非常适应水培，能在水中迅速生根。

在居室放上几株，会显得更加干净清爽。

小知识

鸭跖草还具有清热解毒、利水消肿的功效。主要用于治疗高热不退、风热感冒、咽喉肿痛、热淋涩痛、小便短赤及水肿等。

冷水花

冷水花比较耐阴，喜欢散射光，怕阳光直射。阳光太强叶边会枯焦，叶面上的白色斑纹也不明显。光线太暗，叶片会失去光泽，影响观赏效果。喜欢湿润的环境，盆土要保持湿润。夏天的时候，除了浇水，还要经常往叶面上喷水。冬季不要给叶面喷水，否则会出现黑色的斑点。冷水花比较耐寒，只要温度不低于6℃，就不会受冻，14℃以上冷水花开始生长，最适宜的生长温度为15℃～25℃。对土壤要求不严格，喜欢疏松肥沃、排水良好的土壤，可以用壤土、腐叶土、河沙混合配制。4～9月份，每隔15天施一次肥。

一般采用扦插法繁殖，在春季，剪取带有叶子的茎5厘米左右，扦插在盆土中，放在半阴处，土壤干燥的时候，用喷壶喷水，一两个月后就可以移植了。

冷水花株丛小巧，看起来非常优雅，是时尚的小型观叶植物。绿色的叶片上有银白色的条纹，像片片雪花，所以又叫"白雪草"。

烹饪时散发出的油烟可引起肺癌，特别是对于吸烟的女性，致癌概率更高，冷水花能吸收油烟。并对有害气体有一定的抵抗能力，还能吸收室内的二氧化硫、甲醛等有害气体，并转化为无害的盐类。

冷水花叶子颜色绿白分明、纹样美丽，给人一种素雅的感觉。摆放在厨房、餐厅、卧室，清雅宜人。如果配上白色的浅盆，更显雅致。也可以悬吊在窗前，绿色的叶子垂下来，显得很妩媚。

铃兰

铃兰喜半阴的生长环境，适宜放在散射光下，要避免强光直射。耐寒性强，在温度较低的条件下，生长良好，生长的适宜温度为18℃~20℃，怕炎热干燥，如果气温超过30℃，植株叶片会过早地枯黄。平时要保持盆土湿润，天气干旱时要增加浇水量，每15天施肥一次。花茎抽出后停止施肥。铃兰喜肥沃、富含腐殖质、排水良好的沙质壤土。每年换一次盆，花凋谢后要及时剪去花梗，避免消耗养分。铃兰多采用分株法繁殖。

传说，在森林守护神圣雷欧纳德死亡的地方，长出了一株植物，它那白色的小花绽放在冰凉的土地上，人们认为它就是圣雷欧纳德的化身，这种植物就是铃兰。

在法国的婚礼上，常常可以看到带有香味的小花——铃兰。把它送给新娘，表达对新娘的美好祝福。为什么会有这层寓意呢？也许是因为这种小花的形状像小钟，能让人联想到唤响幸福的小铃铛。浪漫的法国人还会在5月过"铃兰节"，在节日这天，他们互相赠送铃兰花，象征着好运和吉祥。

铃兰散发的香味对葡萄球菌、肺炎球菌、结核杆菌的生长繁殖具有明显的抑制作用。

袖珍椰子

袖珍椰子喜欢半阴的环境，夏季高温时，要避免强光直射。在烈日照射下，叶片的颜色会变淡或发黄，严重时会产生焦叶及黑斑。袖珍椰子喜湿润，吸水能力很强，但要等干透以后再浇。夏季浇水要充足，还要经常往叶面喷水，来提高环境空气的湿度，以保持叶面深绿，有光泽。冬季时要控制浇水。生长的适宜温度为20℃~30℃，越冬气温最好不要低于10℃。喜欢肥沃、湿润、排水良好的土壤。对肥料的要求不高，通常情况下，在4~9月的生长期，每月施1~2次液肥，秋末及冬季可以不施肥。播种繁殖，种子需要3~6个月才出苗。

袖珍椰子形态小巧别致，很像热带的椰子树，放在室内颇具热带风韵。

袖珍椰子是植物中的"高效空气净化器"，能同时吸收空气中的甲醛、苯和三氯乙烯。非常适合摆放在新装修的居室内。

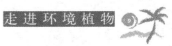

小知识

把土壤稍微沾湿后，放在火上烘烤，消毒花土就制成了，用这种土壤种植花草，不霉根、不生虫。是不是非常简单？你也动手做一做吧！

卫生间的健康植物

卫生间是洗浴的地方，花草布置要干净、清洁且舒适。由于卫生间通风性能不好，加上采光也不好，里面有大量的水蒸气，适合生长的植物很少，只适合摆放一些比较耐阴湿的植物。如果选用喜干性的花草，容易引起花草腐烂。即便是耐阴湿的花草，也要每隔两三天把它拿出去"透透气"。

卫生间花草的摆放

卫生间的面积比较小，花草不宜多放，可以摆放绿萝、蕨类等耐潮湿的植物。如在洗漱台上摆放一小盆花卉。

卫生间常见污染

◎ 异味；

◎ 潮湿的空气。

绿萝

  绿萝非常好照料,比较耐阴,即使在阴暗的环境中也能生长得很好。能适应室内温和的光线,但不能接受强烈的直射阳光。炎热的夏季是绿萝的生长高峰期,每天都要浇水,保持盆土湿润,同时还要向叶面和气根喷水,既可以提高空气湿度,又能清洗叶片,使叶色碧绿青翠。温度较低的冬季,要控制浇水。对土壤的要求不高,宜选择疏松、肥沃、排水性好的腐叶土。

  主要采用扦插法繁殖,在春末夏初的时候,剪下绿萝的枝条,以15~30厘米为宜,将基部1~2节的叶片去掉,直接栽种,浇透水,放在阴凉通风的地方,一个月左右就会生根发芽。或者是剪下绿萝顶端的嫩芽,把节放在水里就能长出根,而且长得很快,不久后,一株新的绿萝就会诞生了。

  绿萝叶片娇秀,呈心形,翠绿有光泽,夹杂有黄色斑块,蔓茎细软有气根,人们常将它做成壁挂、绿萝柱、悬吊,或者水养、装饰假山石等,被誉为"海陆空植物"。

绿萝可以祛除苯、氨、甲醛、一氧化碳、尼古丁，其中祛除氨和甲醛的能力比较强，每平方米植物叶面积24小时可以清除2.48毫克的氨、0.59毫克的甲醛。可以把墙面、织物和烟雾中释放的有毒物质分解为自有的物质。还可以有效地调节室内空气的湿度，使室内环境清新自然。

绿萝是优良的室内装饰植物，在家具的顶部摆放一盆，任柔软的蔓茎自然下垂，如果蔓茎垂吊得比较长，可以圈吊成圆环，宛如翠色浮雕。这样既充分利用了空间，又为家具增添了色彩明快、线条活泼的装饰，让居室生机盎然。

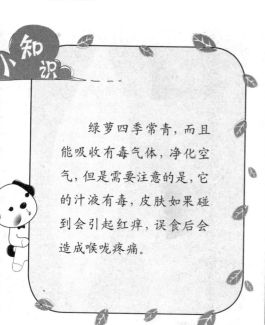

小知识

绿萝四季常青，而且能吸收有毒气体，净化空气，但是需要注意的是，它的汁液有毒，皮肤如果碰到会引起红痒，误食后会造成喉咙疼痛。

白鹤芋

白鹤芋喜半阴和高温多湿的环境，夏季高温和秋季干燥时，要多喷水，保证空气湿度超过50%，否则会导致叶片变小，甚至枯萎脱落。白鹤芋害怕强光照射，夏季的时候要遮阴60%～70%，但是也不能不让它见阳光，如果光照不足，则很难开花。其生长的适宜温度为22℃～28℃，越冬温度不能低于14℃，否则植株的生长就会受阻，叶片会被冻坏。盆栽白鹤芋在贮运的过程中，若温度控制在13℃～16℃，相对湿度在80%～90%，能在黑暗环境中坚持30天之久。

白鹤芋有"一帆风顺"的吉祥寓意，常作为节日、开业等活动的商务礼仪用花。20世纪80年代在欧洲已非常流行，被视为"清白之花"，具有祥和安泰、春节平静之意。

　　白鹤芋能够清除室内的甲醛和氨，据测定，每平方米植物叶面积在24小时内能清除3.53毫克的氨和1.09毫克的甲醛。

　　白鹤芋花茎秀美，赏心悦目。盆栽点缀书房、客厅非常别致。在南方，配置池畔、小庭院、墙角处，别具一格。

　　用啤酒擦拭室内植物的叶片，叶面会充满光泽，更加翠绿；用牛奶擦拭，叶子会更加光亮，显得翠绿悦目。在夜晚的时候用灯光照射室内植物，加强光合作用，让植物释放更多的氧气，可以尽快祛除新居的刺鼻味道。

波士顿蕨

波士顿蕨有较强的耐阴性，在光照不良的地方依然能够茂盛地生长。波士顿蕨喜欢明亮的散射光，但怕直射的阳光，阳光直射时叶片会变黄，叶缘产生枯焦。但也不能长时间地过阴，过阴会造成叶片大量脱落。波士顿蕨喜湿润的生长环境，夏天每隔1~2天浇一次水，秋季要减少浇水量，等泥土半干时再浇水。如果植株因缺水而凋萎了，可以将整盆放入水中浸泡，让根充分吸收水分。如果浸泡24小时后植株仍然没有挺立，那就将所有的叶片剪除，以促进新叶生长。

波士顿蕨的根比较敏感，因此，不能施浓度太高的肥，否则容易伤根。但是它又喜欢肥沃的土壤，因此，最好在装盆时先加入腐熟的厩肥，然后再用稀薄的肥料追肥。

早在4亿年前，地球上就已经出现了蕨类。蕨类遍布世界各地，种类繁多，约有1.2万种。中国是世界上蕨类植物分布最多的国家之一。

波士顿蕨能抑制电脑显示器、打印机和复印机中释放的甲苯和二甲苯，同时

还能增加空气的湿度，保护人的呼吸系统。经常与涂料、油漆打交道，或者身边有吸烟的人，最好在工作的地方放一盆波士顿蕨，这样非常有利于身体健康。

波士顿蕨等蕨类非常容易栽培和管理，不需要太多的呵护就能茁壮成长。阴湿的环境是它们最好的选择，可放在厨房、卫生间等利于它们生长的环境中。

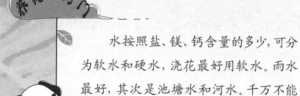

养花小窍门

水按照盐、镁、钙含量的多少，可分为软水和硬水，浇花最好用软水。雨水最好，其次是池塘水和河水。千万不能用有洗涤剂的洗碗水或带洗衣粉的水，如果用自来水浇花，要先晾一天再用。

阳台的健康植物

　　阳台一般是开放式的，空气流通好、光线充足，因此，阳台适合种植多种花草。阳台花草的布置在居室布置中占有非常重要的地位，并且要求美观、实用和安全。美观是指花草要有装饰阳台的作用，让单调的阳台变得美丽起来。实用是指阳台上的花草能净化空气，对人的生活起一定的环保作用，如在阳台上布置一些攀缘类植物，夏天的时候对与阳台相连的房间能起到遮阴的作用。安全是指不要出现花盆掉落砸伤人的事情。

阳台的花草摆放

　　阳台适合喜阳光、花朵繁、分枝多、花期长的花卉和常绿植物，比如石榴、美人蕉等。如果阳台的承重能力比较强，可以在阳台外边缘砌置小型的种植池，在里面种植喜阳光的观花、观叶和观果植物。如果阳台的承重能力一般，可以直接摆放用花盆栽种的中小型植物。阳台两侧还可搭架种植葡萄、牵牛花等攀藤植物，以便在炎热的夏季降低室内的温度，减少太阳光辐射。

阳台的常见污染

◎ 噪音；

◎ 灰尘。

美人蕉

美人蕉喜阳光充足的生长环境，但是在开花期要将花盆移到阴凉的地方，这样有利于延长花期。盆土最好用园土、泥炭土、腐叶土、山泥等富含有机质的土壤混合拌匀配制，并加入骨粉、豆饼等有机肥作为基肥。当长到有5～6片叶子时，每个月施1～2次液肥。开花时停止施肥。花谢以后，要及时剪除花茎，这样有利于新芽的萌发，长出新枝，继续开花。

要经常浇水，保持盆土湿润。如果盆土太干，会出现叶尖、叶缘干枯、叶片

发黄等现象。生长的适宜温度为15℃~28℃，低于10℃则不利于生长，高于40℃应移至阴凉通风处，否则会由于闷热引起叶子发黄等现象。

美人蕉是一种大型花卉，佛教认为，它是由佛祖脚趾所流出的血变成的，"昙华"的名字就由此而来。炎热的夏季，石头小径旁，美人蕉粗大鲜绿的枝叶显得十分醒目，鲜艳的花朵让人感到它强烈的存在意志。

美人蕉不仅美化了生活，而且还能净化空气，对氯化氢、二氧化硫、二氧化碳、汞等有害气体或蒸汽有一定的抗性和吸收能力。尤其是对二氧化硫有很强的吸收性能，花谚说："美人蕉抗性强，二氧化硫它能降"。美人蕉还具有监测空气污染的功能，如果遇到二氧化硫和氯气，美人蕉的叶子会失绿变白。

美人蕉的根茎和花均可入药，有安神降压、清热利湿的功效。鲜根捣烂外敷可治疮疡肿毒和跌打损伤。

仙客来

　　仙客来是喜光植物，要让它花蕾繁茂，就要给它充足的阳光。但是夏季要避免强光直射。喜湿怕涝，要合理浇水，生长期每天浇一次水，水要沿花盆边缘慢慢地倒，不能对株心和叶片洒水。生长期过后要减少浇水，水分过多会引起烂根，严重的还会导致植株死亡。但盆土也不能太干，太干会伤及根毛，植株上部会萎蔫，这时即使浇很多水，也难以恢复。

　　还要注意室内通风，当叶片繁茂时，要拉开盆距，否则叶片会因拥挤变黄。仙客来喜肥沃、疏松、腐殖质丰富、排水良好的沙质土。7天左右施一次磷肥，开花期不要施氮肥，否则枝叶会徒长，花朵的寿命会变短。如果叶子过密，要适当稀梳，

这样可以使营养集中，多开花。生长的适宜温度为15℃~20℃，越冬温度不能低于10℃，否则花色暗淡，且易凋落。但是千万注意，不要将花盆放在暖气片上。

"仙客来"一词来自它学名的音译，音译得很巧妙，再加上它的花瓣翻卷，很像兔子的耳朵，会让人联想到月宫里的仙兔，有"仙客翩翩而至"的意思，被人们认为能带来吉祥和好运。仙客来是山东省青岛市的市花。

仙客来能美化环境，净化空气，过滤灰尘，还对二氧化硫有较强的抗性。

仙客来株型别致、美观，花色鲜艳，有的品种还带有香味，深受人们喜爱。盆栽可点缀书桌、茶几、阳台等处，让房间充满生机。仙客来还可以进行无土栽培，既迷人又干净，更适合家庭装饰。

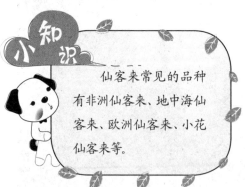

小知识

仙客来常见的品种有非洲仙客来、地中海仙客来、欧洲仙客来、小花仙客来等。

石榴

　　石榴喜阳光，夏季可以在烈日下直晒。光照和温度是影响花芽形成的重要条件，生长期要置于阳光充足处，并且光照越充足，花就越多越鲜艳，果就越大。如果光照不足，就会出现只长叶不开花的现象，从而影响观赏效果。生长的适宜温度为15℃～20℃，越冬温度不能低于-18℃，否则会受到冻害。

　　石榴耐干旱，要控制浇水量，要掌握"干透浇透"的浇水原则，盆土应保持"见干见湿、宁干不湿"。在开花结果期，盆土不能过湿，以免根部腐烂，从而导致落花、落果的现象发生。生长期要充分施肥，坚持"薄肥勤施"的原则。在春季萌芽时进行换盆，同时对它进行修剪，以保持树形美观。生长期要摘心，以促进生长。可采用分株、扦插和压条法繁殖。

石榴能吸收氯气、二氧化硫、二氧化碳、硫化氢、臭氧等有害物质。花谚说："花石榴红似火，既观花又观果，空气含铅别想躲。"室内摆一两盆石榴，可以降低空气中铅的含量。石榴的抗污性很强，还能吸滞灰尘。

夏季"万绿丛中一点红，动人春色不需多"的石榴，花像火一样的红艳动人，花瓣的锯齿边缘，就像是飘逸的裙摆，难怪古今英雄会拜倒在美人的石榴裙下。秋季果实累累，果实硕大浑圆，一硕果中藏籽千颗如珠宝般，有人以"雾壳作房珠作骨、水晶为粒玉为浆"的美句来称道石榴。

石榴果甘甜可口，自古以来就被人们誉为和睦、团结、喜庆、团圆的吉兆。石榴果籽粒丰满，象征着多子多孙。"红榴多结子，绿竹广生枝。"是祝贺家族人丁兴旺之荣景。"榴开百子"是祝福新人早生贵子。

石榴鲜红欲滴的花朵极富古典美，红色的果实也十分喜气。摆放在室内，可以散发温暖的光辉点亮家中的角落。夏季，将石榴的鲜花插在小水瓶中，与枣、石榴同放在一个盘子里，有早生贵子的寓意，摆放在床头，可助求子运势。

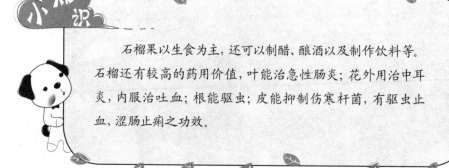

小知识

石榴果以生食为主，还可以制醋、酿酒以及制作饮料等。石榴还有较高的药用价值，叶能治急性肠炎；花外用治中耳炎，内服治吐血；根能驱虫；皮能抑制伤寒杆菌，有驱虫止血、涩肠止痢之功效。

金橘

金橘喜阳光充足的生长环境，稍耐阴，在开花或结果期必须放在阳光充足的地方，如果光照不足，会导致枝叶徒长，开花结果少。夏季日照强度大，要适当遮阴，避免强光直射。对水分的需求量很大，一般2~3天浇水一次。春季干燥多风，要每天向叶面喷一次水，以增加空气湿度。夏季天气炎热，要增加浇水量，每天浇水2~3次，还要向花盆周围的地面喷水，但盆中不能积水，否则容易烂根。开花期不能喷水，以免烂花，影响结果。特别是开花期至幼果期这段时间，对水分的要求非常敏感，如果浇水过少，花梗和果梗容易脱落，浇水过多，也容易引起落花落果，因此，这时要保持盆土不干不湿。

金橘喜疏松、肥沃、富含腐殖质、排水良好的土壤，从新芽萌发到开花前，7天左右施一次肥。入夏以后，应多施一些磷肥，有利于孕蕾和结果。开始结果的时候，要暂停施肥，等幼果长到1~2厘米大小时，继续施肥。

在春芽萌发前要进行一次修剪，剪去过密枝、徒长枝、枯枝和病虫枝，使

萌发的枝条健壮、树形优美。开花时要适当疏花,节省养分。如果结果太多,要摘除部分果实,以免植株养分被消耗。常用嫁接法繁殖。

可清除氯气、乙醚、汞蒸气、过氧化氮、一氧化碳和二氧化硫等有害气体。能驱赶蚊虫,还能吸附室内家电、塑料等散发出的气味,有一定的杀菌功效。

金橘树形优美,枝繁叶茂。夏季开白色的小花,

香气远溢。秋冬果实成熟,有红色和黄色的,点缀在绿叶之中,可谓碧叶金丸,观赏价值极高。适合摆放在阳台、客厅、卧室等地方。

金橘四季常青,又称四季橘。秋季结果,硕果累累,冬季果实成熟时为橙黄色,再加上名字里有个"金"字,人们认为在新年伊始,它会带来好运、旺势。

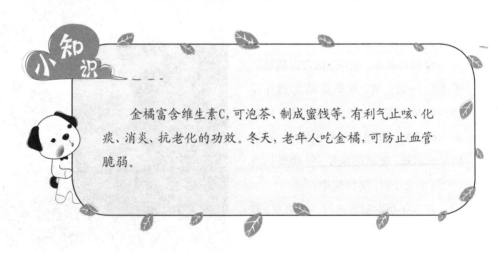

小知识

金橘富含维生素C,可泡茶、制成蜜饯等。有利气止咳、化痰、消炎、抗老化的功效。冬天,老年人吃金橘,可防止血管脆弱。

秋海棠

秋海棠喜阴，日照低于14小时，容易开花，怕强光直射。春季和秋季是秋海棠的生长开花期，水分要适当多些，盆土要保持湿润。夏季和冬季秋海棠进入半休眠或休眠期，可以控制浇水，特别是冬季，要少浇水，盆土要一直保持稍干状态。还要注意的是，不同的季节浇水的时间也不一样，夏季要在早晨或傍晚浇水，冬季要在中午的阳光下进行，这样气温和盆土的温差不是很大，有利于植株生长。

在生长期，每10~15天施肥一次，肥不能太浓，否则会造成肥害，叶片发黄，严重的还会导致植株枯死。施肥时要防止肥液沾在叶片上，否则叶片会变黄。防止这种情况发生的最好办法就是施肥后，马上给植株喷水。夏季和冬季，秋海棠生长缓慢，要少施肥或停止施肥。

要经常转动花盆，这样有利于植株均匀生长。花谢以后要及时修剪残花、摘心，否则植株会长得瘦

长，影响观赏效果，开花也很少。

秋海棠品种不同，繁殖方法也不一样，可采取扦插、播种、分根茎、分块茎等方法繁殖。

《采兰杂志》上记载，古代有一妇人因不能与心上人见面，经常扶墙流泪，泪水滴入土中，长出了一株叶子正面绿、背面红的植物，秋天开的花妖媚动人，花的颜色像妇人的脸，名曰"断肠草"。《本草纲目拾遗》记载："相传昔人有以思而喷血阶下，遂生此草，故亦名'相思草'。"

南宋诗人陆游一生苦恋文静素雅、知书达理的唐琬，但是陆游的母亲嫌唐琬家境贫寒，坚决反对。陆游很孝顺，没有违反母亲的意愿，但是却终日闷闷不乐，借酒消愁。他的母亲为了让他忘记这段恋情，托人在远方为其谋仕途，陆游只能听命离开。临别之际，唐琬送给他一盆秋海棠，并告诉他这是"断肠花"。陆游听后很伤心，说应称为"相思花"。

后来唐琬被迫嫁给了赵士诚，很多年后，陆游再次见到唐琬，即使有万种柔情，也只能默默目送。他自言自语道："秋海棠既是相思之花，更是断肠之花！"人们常常用秋海棠来表达真挚的爱恋，它还被世界各国人民誉为美德的象征，受到人们的喜爱。

秋海棠能净化空气中的二氧化硫、氟化氢等有害物质，还具有杀菌、抑菌的功效。对氮氧化合物比较敏感，一旦发现空气中有这些物质，叶片上就会出现斑点，甚至枯萎。

小知识

常见的观赏品种有四季秋海棠、银星秋海棠、竹节秋海棠等。

天竺葵

天竺葵喜阳光和温暖，但不耐暴晒和酷暑，生长的适宜温度为15℃~20℃，越冬温度不能低于5℃。稍耐旱，适度浇水，盆土不能过湿，否则会烂根。春季和秋季上午9~10时浇水，夏季早晨浇水，傍晚补浇一次。冬季中午浇水，6~7天浇一次。天竺葵生性强健，很少生病虫害，对土壤的适应性强，不过以腐殖质的沙质土最佳。要及时修剪，生长期可进行梳枝。为了避免消耗养分，开花后应立即摘去花枝。

天竺葵的花朵高高地在枝头开放，象征爱慕、崇拜。

天竺葵能吸收二氧化氮，对氯气有一定的抗性。此外，对二氧化硫有监测作用，

如果二氧化硫超标，叶子会出现病症。天竺葵全株具有特殊的气味，能驱赶蚊虫。

小知识

室内养植物并不是越多越好。15平方米左右的居室，放两盆中型或大型的植物就可以了，小型植物可以放3~4盆。在品种选择上，最好选对光照要求不高的植物，如巴西铁树、文竹和中国兰等。

太阳花

　　太阳花喜阳光充足的生长环境，不耐阴，光线充足则花易开，否则就不能充分开放。生长期不要浇过多的水，耐干旱，忌过湿。对土壤要求很低，极耐瘠薄，一般土壤都能适应，以排水良好的沙质土为佳。

　　太阳花用播种或扦插法繁殖，除冬季外，其他季节均可播种。种子的发芽温度为20℃~24℃，7~10天左右出苗，幼苗非常细弱，如果能保持适当的温度，小苗会生长得很快。当小苗形成较为粗壮、肉质的枝叶时，就可以上盆了，每盆种植2~5株，成活率非常高。也可采用扦插法繁殖，5月初至8月底都可以剪取5~6厘米的嫩茎进行扦插，插活后即出现花蕾。

　　传说在很久以前，有一位国王，他有一个漂亮的女儿。一天，突然外族来侵略，国王很着急，因为他觉得身边没有一个真正能带兵打仗的人，于是便贴出告示，如果谁能带兵打胜仗，就将女儿许配给他。其实在这之前，公主已经有了一个心上人，他虽出身平民，但却有一身好功夫。小伙子听到这个消息后，很快进宫请求带兵打仗。他不是为了荣华富贵，只是想和公主共度一生。临别前小伙子对公主说："我这次去很远的东方打仗，可能要两三年才能回来，你一定要等我。"公主含着眼泪答应了。小伙子离开后，盼君心切的公主每天都站在城堡的最高处，望着太阳升起的东方，祈祷心上人平安归来。

在战场上，小伙子凭借超强的武力和过人的智慧，多次打了胜仗。但最后不幸还是发生了，小伙子牺牲了。公主听到这个消息后，非常伤心，望着东方的太阳，从城堡的最高处跳了下去。百姓把公主和小伙子合葬在了一起，后来他们的坟上长出了很多美丽的花，这些花都朝着东方的太阳开放，因此，人们把这种朝着太阳微笑的花朵叫做"太阳花"。

太阳花的花语是"望望生命中最美丽的一切"。它虽然没有玫瑰那么引人注目，但是其独特的生命力，是其他花所不能比的，每到夏季，盛开的太阳花总是对着太阳微笑，让人感觉到有一种对新生活的美好盼望。

太阳花能吸收乙醚、乙烯、氯气、二氧化硫、一氧化碳及过氧化氮等有害气体，对氟化氢有较强的抗性。

太阳花是优秀的景观花种，不仅花色丰富、色彩鲜艳，而且生长强健，不需要太多的呵护。虽是一年生植物，但自播繁衍能力强，能够达到多年观赏的效果。如果在一个盆中，种多个品种，各色花齐开一盆，观赏价值更高。

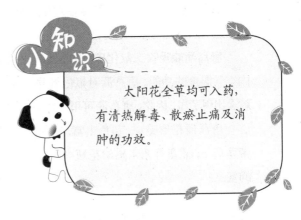

小知识

太阳花全草均可入药，有清热解毒、散瘀止痛及消肿的功效。

唐菖蒲

唐菖蒲属喜光性植物，但夏季要避免阳光直射，不耐阴，光照不足开花少，甚至不开花。喜湿润，忌涝，否则会出现球茎腐烂、叶尖发黄的现象。夏季空气干燥时，注意向叶面喷水。不耐寒也不耐热，生长的适宜温度为20℃~25℃。喜深厚、肥沃、排水良好的沙质土壤，不适合生长在黏重土壤中。长出叶片后就可以施肥，但是需要注意，肥料不能施得太多，应坚持"薄肥勤施"的原则。

唐菖蒲植株挺拔，色彩鲜艳，娇艳欲滴，又称"福兰"，有高贵、步步高升、开创新气象之意。在我国，人们常在端午节将其枝叶插在门上，据说可以用来避邪。古人还将唐菖蒲与水仙、菊花、兰花并称为"花草四雅"。

唐菖蒲能吸收二氧化硫，并将其转化为无毒或低毒的硫酸盐。还具有提高室内空气湿度的功能。唐菖蒲对氟化氢非常敏感，一旦氟化氢超标，叶片尖端或边缘就会出现黄斑，因此，唐菖蒲可用做监测环境污染的指示植物。

唐菖蒲花形美观，花色丰富，瓣如薄绢，非常惹人喜爱。在花没完全盛开时，带茎剪下，插在有艺术感的花瓶中，放在桌上作为装饰，顿时令房间充满高贵典雅的气息。

小知识

唐菖蒲的茎叶中能提炼出维生素C，球茎可以入药，有散瘀消肿、清热解毒的功效。把新鲜的球茎捣烂，然后外敷，能治腮腺炎。

紫藤

紫藤寿命长，适应性强，喜光，要保证充足的阳光照射。有一定的抗旱能力，忌涝。对土壤的要求不高，以肥沃、疏松、深厚的沙质壤土为佳。为使花繁枝茂，应注意适当施肥。

为避免营养消耗，要及时剪除残花。紫藤是落叶乔木，在休眠期应对其进行修剪，并调整枝条布局，以保持姿态优美。以播种繁殖为主，也可以采用分株和扦插法繁殖。

传说，一个女孩爱上了一个白衣男子，但是男子家境贫寒，他们的爱情遭到了家人的反对，最终二人双双跳崖殉情。后来，在他们殉情的悬崖边上长出了一棵树，

树上缠着一根开出朵朵花坠的藤，花坠紫中带蓝，因此，人们称它为紫藤花。有人说树是白衣男子的化身，紫藤是女孩的化身。紫藤缠树而生，独自不能存活，它为爱而生，因爱而亡。

紫藤能抵御有毒气体，对氯气、二氧化硫、氟化氢、铬有一定的抗性。新装修的居室里应该摆放一盆。

紫藤在春季紫花烂漫，清新雅致。花谢后会结出果实，形如豆荚，悬挂枝间，别有情趣。有时秋初还会再次开花，荚果、花穗在翠羽般的绿叶衬托下相映成趣，能为你的家营造温馨的气氛。

小知识

鲜插花

百合花：插入淡糖水中。

栀子花：在水中加几滴鲜肉汁。

郁金香：数枝扎束，外卷报纸再插入瓶中。

莲花：折下后用泥塞住气孔，再插入淡盐水中。

牡丹花：剪口浸入热水中片刻，再插入冷水中。

山茶花：插入淡盐水中。

梅花：剪口切成"十"字型，浸入水中。

蔷薇花：剪口处用火燎一下再插入瓶中。

秋菊：剪口处涂上少许薄荷晶。

菊花：在养菊花的清水中加入微量的尿素，可使花期延长十多天。

白兰花：晚上用湿布包裹，白天揭开，可使花的凋谢时间推迟两三天。

芙蓉花：剪口浸入热水中片刻，再插入冷水中。

杜鹃花：砸扁剪口，浸入水中。

水仙花：插养在淡盐水中。

紫薇

　　紫薇喜阳光充足的环境，如果光照不足，植株开花会少或不开花，严重的还会影响生长。比较耐旱，平时不必浇太多水，春、秋季要保持盆土湿润，夏季温度比较高，要加大浇水量，早晚各浇一次。冬季减少浇水量。紫薇喜肥，施肥可以使植株生长旺盛，花大色艳。缺肥会导致枝条细弱，叶色发黄，整个植株生长不好，开花少，甚至不开花。但也不能施肥太多，否则会引起枝叶徒长，因此，要坚持"薄肥勤施"的原则。春、夏季节生长旺盛要多施肥，一般10天左右施肥一次；入秋以后要少施肥，15天左右施肥一次；冬季进入休眠期不用施肥。

　　对土壤要求不高，以肥沃、疏松、排水良好的沙质壤土为佳。耐修剪，花后要及时剪掉残花，这样可延长花期。还要随时将干枯枝、徒长枝、病虫枝、下垂枝、交

叉枝剪除，以免消耗养分。每隔2~3年换一次盆，换盆时要小心，不要伤根，否则会影响植株生长。

紫薇姿态优美，花色艳丽，花期长，从6月能开到9月，有"百日红"之称。又有"盛夏绿遮眼，此花红满堂"的赞语。更为神奇的是，用手轻轻地抚摸一下，它立刻会枝摇叶动，全株颤动，甚至会发出微弱的"咯咯"响动声，就像"怕痒"一样，因此，又有"痒痒树"之称。

紫薇能吸收二氧化硫，对氮气、氟化氢的抗性较强。据测定，每千克叶吸收10克硫后仍能良好地生长。紫薇有吸滞粉尘的功能，还有很强的杀菌功能，在5分钟内就可以杀死痢疾菌和白喉菌等原生菌。

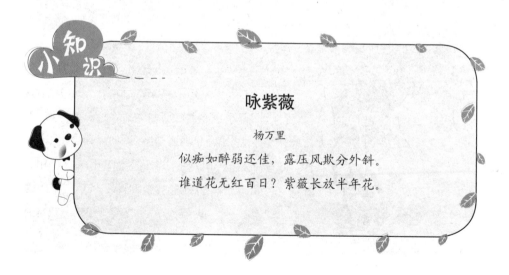

小知识

咏紫薇

杨万里

似痴如醉弱还佳，露压风欺分外斜。

谁道花无红百日？紫薇长放半年花。

石竹

　　石竹喜光，可放在阳光直射处。石竹花白天开放，晚上闭合。如果上午接受日照，中午、下午就应遮阴，这样既能延长观赏期，还能使之不断抽枝开花。比较耐旱，忌潮湿、水涝，雨季要注意排水防涝。夏季是石竹生长的旺盛期和花期，要给予充足的水分和肥料。最好15天左右施肥一次，以促开花。对土壤要求不高，以肥沃、排水良好的沙质壤土为佳。每盆长到3~5株、10厘米高时摘心，促使分枝。一般采用播种法繁殖，种子发芽的适宜温度为21℃~22℃，秋季播种，第二年春季栽种。不易结果实的品种，可以采用分株法繁殖。

石竹叶似竹，青翠成丛，花朵繁密，花色鲜艳，美丽动人。象征纯洁的爱、大胆、才能、积极、女性美。在全世界人们心中，石竹花是母亲节的象征，母亲节这一天人们纷纷买来送给母亲。

石竹有吸收二氧化硫和氯化物的本领，花谚说："石竹草铁肚量，能把毒气打扫光。"凡有毒气的地方可多种石竹，以减少污染。此外，石竹产生的挥发油类具有明显的杀菌作用。

石竹花朵美丽，观赏期长，是很好的观赏植物，在花还没有完全盛开的时候，剪下带茎的花朵，插入花瓶中，具有很好的装饰效果。

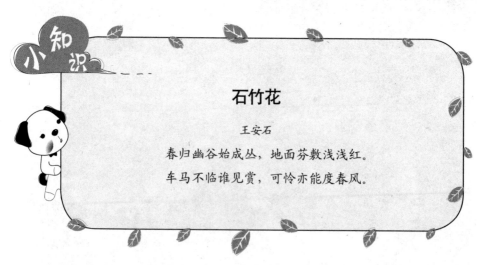

小知识

石竹花

王安石

春归幽谷始成丛，地面芬敷浅浅红。

车马不临谁见赏，可怜亦能度春风。

米兰

　　米兰喜阳，除盛夏要避烈日外，其他时节应该多见阳光。米兰也耐阴，但过阴会造成开花少，香味不浓，甚至不开花等现象。幼苗长出新叶后，要控制浇水，不干不浇，通常一天浇一次水，夏季早晚各浇一次。不宜过湿，过湿会烂根。但也怕干旱，过干会引起叶片脱落。喜高温，温度越高花越香。适宜生长在肥沃、疏松的偏酸性土壤中。对低温十分敏感，畏寒怕冻。一般采用扦插法和压条法繁殖。

　　米兰花细如米粒，黄色，其香如兰，故名"米兰"。花开在茂密的叶丛中，清香雅致。常常被人们赋予无私奉献和平凡清雅的寓意。

　　米兰散发出的挥发油，具有杀菌的功效。可以吸收空气中的二氧化硫和氯气，1000克叶5小时能吸收4.8毫克氯。花的香味能缓解感冒、解除胸闷。

桂花

　　桂花喜阳，冬季要摆放在阳光充足的地方，最好选择东南朝向，因为这里阳光的直射时间最适合桂花生长。温度应保持在5℃以上，10℃以下。生长期光照不足，会影响花芽分化。冬季要注意通风，比较耐旱，少浇水，生长期可适当增加浇水量，但不能积水，否则根系会腐烂，叶片会焦枯或脱落，严重时会导致全株死亡。对肥料的要求很低，春季施一次氮肥，夏季施一次磷肥，冬季施一次有机肥就可以了。

　　对土壤的要求不高，除过于黏重的碱性土壤外，一般都可以生长，但以疏松、肥沃、排水良好的偏酸性沙质壤土最为适宜。还要注意及时剪除过密枝、徒长枝、病弱枝和交叉枝，使其通风透光。

桂花四季常绿，在中秋时节开花，有"独占三秋压群芳"的美誉。而且"桂"与"贵"同音，人们认为，它是"富贵树"，能带来好运和财富。

桂花对硫化氢、氯化氢、苯酚等污染物有一定的抗性，并且还能吸收汞蒸气。桂花的芳香有显著的抑菌作用，能净化空气，抑制葡萄球菌、肺炎球菌、结核杆菌的生长繁殖。桂花还是天然的除尘器，能够吸附空气中的漂浮微粒及烟尘。

小知识

东城桂

白居易

遥知天上桂花孤，
试问嫦娥更要无。
月宫幸有闲田地，
何不中央种两株。

含笑

含笑喜半阴的环境，在弱光下能良好生长。夏季要避免阳光直射，在强光暴晒下叶色会变黄。冬季可以放在室内有散射光的地方，温度保持在10℃~15℃，不能低于-13℃，否则会因受冻落叶。其根多为肉质，平时不能浇太多的水，否则会烂根，保持盆土湿润即可。生长期需要较多的水分，每天浇一次水，如果天气非常干燥，还要往叶面喷水，保持空气湿度。秋、冬季节2~3天浇一次水即可。在4~9月的生长期，每隔15天左右施一次肥，若发现叶色不够浓绿，可施一次淡的矾肥水。开花期和冬季要停止施肥。喜肥沃、深厚的酸性土壤。

含笑的生长速度比较快，每年春季都要换一次盆，这样有利于生长。还要结合换盆进行修剪，将过密枝、干枯枝、病弱枝剪除，使树形美观，通风透光。并要剪去开花后的果实，以减少养分消耗。含笑可采用压条、嫁接、扦插和播种的方法繁殖。

含笑树形优美，绿叶繁盛，苞润如玉，香幽若兰，是花、叶兼美的观赏珍品。花常微垂呈半开状，宛如娇羞含笑的少女，给人清净、素雅的感觉。

含笑叶形优美，姿态端雅，是美化环境的上好花卉。陈列室内，能为家人营造温馨的环境，使人心旷神怡。此外，它的花朵还会散发香蕉的气味，这种气味飘散在空气中，能杀死结核病菌、肺炎球菌，改善室内空气质量。

含笑除用做观赏外，花还可以熏茶，还能提取芳香油。

小知识

含笑

邓润甫

自有嫣然态，风前欲笑人。

涓涓朝露泣，盎盎夜生春。

月季

月季喜阳光充足的生长环境，每天应保持5小时的日照才能正常生长。但是光线太强，会影响发育，盛夏和孕蕾期间要避免强光直射。在天气炎热的夏季，要及时补水，一般早晚各浇一次。冬季休眠期要严格控水。对土壤的要求很严格，喜肥沃、疏松、排水良好的微酸性土壤，可用腐叶土加少量有机肥混合配制。生长期应每隔15天左右施一次肥，前期以氮肥为主，后期增施磷钾肥。休眠期要注意摘芽、剪除残花枝。可采用嫁接、扦插、分株法繁殖。

包青天是我国宋朝一位办事公正、赏罚分明的清官，执法严明、铁面无私，深受人们爱戴。传说他60岁时，皇帝要给他做寿，他不能抗旨，但又怕铺张，就对儿子说，凡是送礼的一概不收。

一天，一个人带着一盆月季花，要送给包青天。包青天的儿子问他叫什么名字，他回答："赵钱孙李。"奇怪，还有这名字？于是这人解释说他本人姓赵，左邻姓钱，右邻姓孙，对面的姓李，是大家推荐他来送这盆月季花来祝寿的。并用一首诗

说出了送月季花的道理："花开花落无间断，春来春去不相关。但愿相爷尚健生，勤为百姓除贪官。"包青天看到这盆花和听到这首诗以后，见了送花的人，也吟出了一首诗："赵钱孙李张王陈，好花一盆黎民情；一日三餐抚心问，丹心要学月月红。"说罢收下了这盆月季花。

月季有玫瑰的形态，蔷薇的颜色，深受人们喜爱。因其四季常开，有"人间不老春"的称号。月季有家业兴旺、蒸蒸日上的寓意，因此，人们常在家门口栽种。它还是爱情的象征。

月季可吸收家中塑料制品、电器等散发的有害气体，可有效清除室内的硫化氢、氟化氢、三氯乙烯、苯、苯酚乙醚等。它含有挥发性油类，有显著的杀菌功效。月季花香浓郁，能提神醒脑，让人心情愉快，还能消除室内异味。

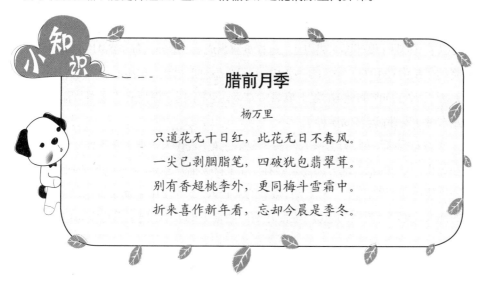

小知识

腊前月季

杨万里

只道花无十日红，此花无日不春风。

一尖已剥胭脂笔，四破犹包翡翠茸。

别有香超桃李外，更同梅斗雪霜中。

折来喜作新年看，忘却今晨是季冬。

丁香

丁香喜充足的阳光，如果置于阴处或半阴处，则枝条细弱，开花稀少，且花朵没有光泽。有较强的耐旱性，一般不需要多浇水。忌积水，否则会引起病虫害甚至造成全株死亡。除强酸性土壤外，在其他各类土壤中都能生长，不过以疏松、肥沃的中性土壤为佳。如果土壤贫瘠，虽然能生长，但是开花少。不要施过多的肥，否则会影响开花。

可采用压条、分株、扦插、嫁接和播种等方法进行繁殖，一般多采用分株和播种法繁殖。每年3~11月都可进行分株。将母株根部丛生出的茎枝分离出，另行移栽就可以了，移栽时根部要多带点土，这样更容易成活。播种在每年的4月上旬进行。先将种子浸泡在40℃~50℃的热水中，1~2个小时后捞出，和沙混合，混合比例为1:2。然后放在向阳的地方，盖上麻袋或草袋，经常浇水，保持麻袋或草袋湿润。一周左右种子发芽，就可以播种了。

丁香花香味浓郁，自古被人们视为爱情之花。古代人常借丁香花抒发爱意，到现在为止，我国的很多地方仍然是这样。每逢春暖花开之际，云南傣族人民都要举行一次传统的"采花节"。身着节日盛装的年轻人，纷纷上山采摘丁香花，赠送给自己的恋人，表示对爱情的忠贞不渝。还有一些地方的人们，把丁香花作为定情之物

或催办婚事之物。

丁香对二氧化硫及氟化氢等多种有害气体有较强的抗性，还有吸附烟尘的功能。

丁香盆栽适合摆放在阳台、客厅，也可作为切花插在瓶中观赏。

小知识

雨巷（节选）

戴望舒

撑着油纸伞，独自彷徨在悠长、悠长又寂寥的雨巷，

我希望逢着一个丁香一样地结着愁怨的姑娘。

她是有丁香一样的颜色，丁香一样的芬芳，

丁香一样的忧愁，在雨中哀怨，哀怨又彷徨。

瓜叶菊

瓜叶菊喜夏季凉爽、冬季温暖的气候条件，需要良好的光照，但是怕烈日暴晒。冬季室内温度应保持在10℃~13℃，并将其放在室内向阳的地方，瓜叶菊就会生长得很好。要控制浇水，特别是在高温的情况下，如果浇水太多，会导致白粉病的发生，造成叶片变黄凋萎，影响观赏。夏季除浇水外，还要经常向叶面和花盆周围喷水，这样可以降低温度，增加空气湿度。对盆土的要求是疏松、细软、肥沃、排水良好的土壤。在生长期10天左右施肥一次。施肥时要注意，不要让肥水污染叶片。花蕾出现后应立即停止施肥。

小知识

在养护过程中，应将瓜叶菊放置在阳台或窗台上，因其有明显的趋光性，每7天左右就应转一次盆，这样有利于保持株形匀称美观。

瓜叶菊多采用播种法繁殖，也可采用分株法或扦插法繁殖。

瓜叶菊的花语是："喜悦、快乐、繁荣昌盛、合家欢乐"。其花色鲜艳，体现美好的心意，适合在春节期间送给亲友。

瓜叶菊花期较早，在寒冬开花，非常珍贵。开花整齐、花色鲜艳、花形丰满，陈设在室内矮几架上，能让室内有一种温暖的感觉。作为切花摆放时，多种颜色搭配更美丽。

瓜叶菊有净化空气、美化环境的功效。

金银花

　　金银花喜阳光充足、温暖的气候，但要避免强光直射，夏季要遮阴。耐旱，盆土不能过湿，夏季要增加浇水的次数，还要经常往叶面上喷水。冬季要控制浇水，可以等到盆土发白再浇。极耐寒，在-20℃的低温下，也能安全过冬，5℃时开始发芽生长，生长的适宜温度为20℃~30℃。对土壤的要求很低，以沙质土壤栽培为佳。每年的春季和冬季施肥一次。春季要注意修剪，以保证通风透光，促进发芽。一般采用抽条法繁殖。

　　金银花的老叶在秋末枯落，但是很快就会长出新叶，经冬不凋。梁代陶弘景《本草集注》这样描写："藤生，凌冬不凋，故名忍冬。"明代李时珍在《本草纲目》中记载："三四月开花，长寸许，一蒂两花，二瓣一大一小，如半边状，长蕊，花初开

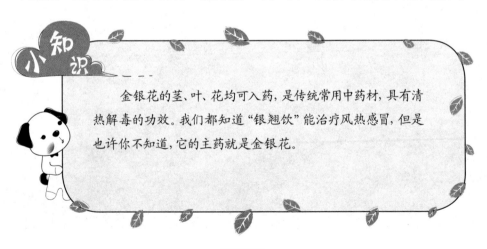

小知识

　　金银花的茎、叶、花均可入药，是传统常用中药材，具有清热解毒的功效。我们都知道"银翘饮"能治疗风热感冒，但是也许你不知道，它的主药就是金银花。

者蕊瓣色俱白，经二三日则色变黄，新旧相参、黄白相映，故呼金银花。"

　　金银花能带给人超凡脱俗的感觉，有些地方还有这样一个习俗，在洞房前，新婚夫妇要栽种两株金银花，取其成双成对、金玉满堂的意思，因此，人们也称它为"鸳鸯藤"。

　　金银花对二氧化碳有较强的抗性，能祛除氟化氢、氯气等有害气体和汞污染，具有净化空气的功能，其散发出的挥发油具有杀菌的功效。花香能镇静安神，缓解精神疲劳。

　　金银花也可以在庭院栽培，花叶俱佳，常绿不凋，适宜做绿廊、阳台、凉棚、花架等垂直绿化的材料。如果再配置一些色彩鲜艳的花草，相得益彰，别具情趣。

茉莉花

　　茉莉喜阳光充足的环境，可以接受盛夏的强光，如果长期置于暗处，容易导致开花少，甚至不开花。生长的适宜温度为20℃~25℃，越冬温度为5℃~10℃，如果温度低于5℃，会受冻害，低于0℃易死亡。坚持"不干不浇，浇必浇透"的浇水原则。春、秋季节，一般每隔2~3天浇一次水，夏季炎热、干燥，每天早晚各浇一次水，还要往叶面上喷水，这样能使花的香味更浓。冬季要减少浇水量，如果盆土过湿，会引起烂根或落叶。喜肥，每7~10天施肥一次，快开花时，4天左右施肥一次。肥料的浓度不能过高，否则会引起烂根。冬季应停止施肥。每年的3月要进行修剪，剪掉过密枝、干枯枝、交叉枝、病弱枝等，将留下的枝条剪短，留15厘米左右，这样能促进新枝的生长，有利于开花。

　　茉莉花多采用扦插法繁殖，剪下带有两个节以上的一年生枝条，然后去除

下部叶片，插在沙质土壤中，覆盖上塑料薄膜，约40~60天就能生根。也可采用压条法繁殖，选择比较长的枝条，在节下轻轻划伤，然后埋入泥沙中，经常浇水，20~30天就能生出新根，60天左右就可与母株分离，另行种植了。

茉莉花象征着热情，是友谊之花、爱情之花。许多国家的青年人常将其作为礼物送给爱人，表达爱意。把茉莉花环套在客人的脖子上，使它垂到胸前，表示友好和尊重，是一种热情好客的礼节。茉莉花还有一种含义，在别离的时候赠送茉莉，表达一种"送君茉莉，请君莫离"的感情。

茉莉花含有杀菌素，能杀灭或抑制病原菌，还能祛除室内异味、驱蚊虫。此外，香味还能净化空气，使空气清香，令人精神愉悦。

茉莉花外形清丽，花香迷人，很多人都把它当成装饰品别在身上，别有一番韵味。

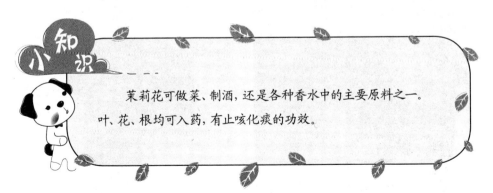

茉莉花可做菜、制酒，还是各种香水中的主要原料之一。叶、花、根均可入药，有止咳化痰的功效。

绿宝石

　　绿宝石喜半阴的生长环境，要避免阳光直射，还要注意一点，不要突然改变光照的强度。要一直保持盆土湿润，夏季要多浇水，还要经常往叶面上喷水，但要避免盆土积水，否则叶片容易发黄。生长的适宜温度为20℃～28℃，越冬温度不能低于5℃。对土壤的要求不严，以富含腐殖质且排水良好的壤土为佳。

　　绿宝石叶片绿而亮，故而得名。寓意给人们带来富贵、好运。叶片和茎呈暗红色，它就是人们常说的红宝石和绿宝石相映成趣。

　　绿宝石每小时能吸收4～6微克甲醛，并将其转化为无害物质。

　　若把绿宝石做攀援栽培，气生柱可高数米以上，直达屋顶，非常壮观，有很强的热带风味。

鸡冠花

鸡冠花喜温暖的环境，需要充足的光照，生长期每天要保证4小时以上的光照。喜高温，不耐寒，生长的适宜温度为18℃~28℃。喜干燥，浇水不要太勤，浇水时还要注意，不要让下部的叶片沾上污泥。花序形成前，盆土要保持干燥，这样有利于孕育花序。较耐贫瘠，可每隔15天施一次液肥。对土壤的要求不严，在肥沃、排水良好的沙质壤土中生长良好。

鸡冠花能吸收空气中的氧化物，起到催眠作用。

鸡冠花花色红艳，经历风霜，花色不褪，被视为"永不褪色的爱"的象征。在欧洲，青年男女第一次赠给恋人的花就是鸡冠花，以此表达爱恋之情。在情人节，恋人们除了赠送玫瑰，还可送鸡冠花，寓意"真挚的爱情"。

鸡冠花颜色鲜艳，花形奇特，盆栽可摆放在阳台观赏，还可水养或制成干花，能观赏很长时间。

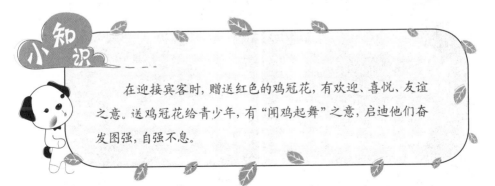

小知识

在迎接宾客时，赠送红色的鸡冠花，有欢迎、喜悦、友谊之意。送鸡冠花给青少年，有"闻鸡起舞"之意，启迪他们奋发图强，自强不息。

大丽花

  大丽花喜阳光充足的生长环境，不耐阴，每天至少要见4~5小时的直射光才能枝繁叶茂，开的花朵硕大而丰满。如果每天的光照不足4小时，会导致生长不良，根系衰弱，茎细叶薄，花小色淡，甚至不开花，而且容易患病。

  大丽花对水比较敏感，既怕旱又怕涝。大丽花枝繁叶茂，蒸发量比较大，需要较多的水分，如果缺水，再受阳光直射，叶片容易枯黄，严重的还会脱落。如果浇水太多，根部容易腐烂。因此，要坚持"干透浇透"的浇水原则。幼苗期不需要太多的水分，可每天浇水一次，保持土壤湿润即可。生长后期消耗水分比较多，应增加浇水量，一般一天浇水1~2次。

　　大丽花可种植在腐叶土、草木灰和菜园土混合而成的疏松肥沃的沙质壤土中。不要栽种在重黏土中，否则会烂根，生长不良。喜肥，10~15天施一次稀薄液肥。花蕾出现时7~10天施一次肥，开花时停止施肥。如果出现叶片色浅的现象，说明缺肥；如果浇水适当，但叶尖仍发黄，有可能是肥料过量引起的。如果叶片肥厚，而且颜色浓绿，说明施肥合适。大丽花不耐寒，也不耐热，生长的适宜温度为15℃~25℃，如果温度超过32℃，则会停止生长。大丽花的茎既空又脆，经不起风吹，当植株长到30厘米左右时，要在每一枝条旁插一小竹竿扶持，竹竿还要随着植株的长高不断更换。10天左右将花盆转动180°，使叶片均匀受光，有利于保持株形优美。可采用分株、扦插、播种法培植。

　　大丽花象征富丽、大方、尊贵、大吉大利，是商界常用的礼仪花。它细看如菊花，粗看如牡丹，不过花瓣的排列比牡丹整齐，看上去自然奔放而富有浪漫色彩。

　　大丽花能吸收二氧化硫、硫化氢、氯气等有害气体，净化空气作用明显。

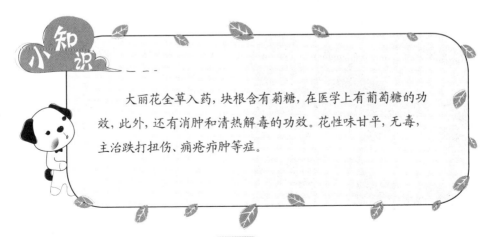

小知识

　　大丽花全草入药，块根含有菊糖，在医学上有葡萄糖的功效，此外，还有消肿和清热解毒的功效。花性味甘平，无毒，主治跌打扭伤、痈疮疖肿等症。

虎耳草

虎耳草喜阳光充足的生长环境，怕强光直射。夏季要放在遮阴通风的地方，喜湿润，不耐旱，要保持盆土湿润，天气高温干燥时，还要经常往叶面上喷水，以提高空气湿度，降低温度。但是不能积水，否则会烂根。喜肥，每2~3天施一次稀薄的液肥，施肥时要将肥料从叶下施入，以免沾到叶面上，导致叶子变黄，影响生长。容易繁殖，可以随时剪取茎顶已生根的小苗移植，每盆植数株，可覆膜保湿，成长后再分盆定植。

虎耳草的拉丁文翻译为"割岩者"，这是因为它怕强光直射，喜欢长在山的背阴面及岩石裂缝处的缘故。虎耳草的花语是"持续"。

虎耳草能吸收二氧化碳，释放氧气，还能将氮氧化合物转化为植物细胞的蛋白质。

虎耳草的茎很长，而且下垂，茎尖着生小株，金线吊芙蓉。悬挂在室内，既美观，又有情趣。

凤仙花

凤仙花喜光，也耐阴，如果每天接受4个小时以上的散射光，将有利于其生长。夏季要适当遮阴，防止烈日暴晒和温度过高。生长的适宜温度为16℃~26℃，花期温度要保持在10℃以上。冬季要注意防寒。

凤仙花生长期要每天浇一次水，保持盆土湿润，炎热的夏季要多浇水，每天浇两次，以花盆无积水为宜，以免根、茎腐烂。还要注意，不要给在烈日下萎蔫的植株浇水。每15天左右施肥一次。凤仙花对土壤要求不高，以肥沃、疏松、排水良好的微酸性土壤为佳。

凤仙花用种子繁殖。3~9月均可播种，4月播种最好。种子播入盆后，一般7天左右就能发芽长叶。

传说，凤凰是百鸟之王，雄鸟名凤，雌鸟名凰，因此，有"百鸟朝凤"这一说。由于凤仙花的名字中有个"凤"字，让人一见到它，就会联想到凤凰。《凤仙》一诗中云："高台不见凤凰飞，招得仙魂慰所思。"意思就是说虽然没有看到高处有凤凰飞，但是能看到凤凰的化身凤仙花，也就能化解对凤凰的思念了。

凤仙花的叶片能吸收毒性很强的二氧化硫，并经过氧化作用将其转化为无毒或低毒性的硫酸盐等物质。此外，它对乙烯非常敏感，能起到空气监测的作用。花香可以驱蚊虫。

小知识

凤仙花又称"指甲花"，它的颜色艳丽，可以用它的汁液染指甲，而且它还具有很强的抑制真菌的作用，用它染指甲还能治疗甲沟炎、灰指甲。

凤仙花的果实成熟以后，只要用手指轻轻碰一下，就会"爆炸"开来。即使只是吹来一阵小风，凤仙花果实也会突然"痉挛"，部分果实扭曲的力量使得5片果瓣裂开，用力把种子弹出一米开外，因而有"别碰我"的别名。

量天尺

量天尺喜充足的阳光，也耐阴。冬季需要充足的光照，应放在室内向阳处，夏季应放在半阴的环境下养护。不耐寒，冬季温度低于10℃容易发生冻害。耐旱，春季10~15天浇一次水，每天往叶面喷些水，以提高空气湿度。夏季，每天早晨或傍晚浇一次水。冬季要控制浇水，盆土应保持适度干燥，否则容易烂根。喜肥沃、疏松、富含腐殖质的土壤。常采用扦插法繁殖，一年四季均可进行，但以春、夏季为佳。

量天尺花形雄伟笔直，具有向上拼搏、不服输的精神，所以非常适合送给事业蒸蒸日上的亲朋好友。

量天尺能吸收二氧化碳，释放出氧气，还能防辐射。

量天尺除盆栽外，还可地栽于墙角，颇有热带风韵，也可作为篱笆植物。适宜摆放在阳台，以利生长。因其能防辐射，所以还可以放在沙发、电脑桌旁。

小知识

量天尺的肉茎、花可入药，茎多鲜用，全年可采，有解毒、舒筋活络的功效。外用可治疮肿、骨折、腮腺炎。花在夏、秋采收，晒干。有润肺、止咳、清热的功效，用于支气管炎、肺结核等病症。

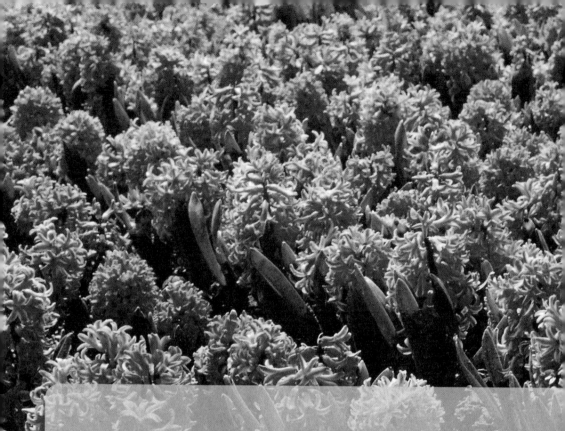

风信子

　　早春风信子需要充足的阳光，能促使花茎伸长，加速开花。开花以后，要放在半阴处，这样可以延长花期。风信子在不同的生长阶段，对水有不同的要求。鳞茎生根期要保持湿润，湿润有利于根系发育；叶片生长期和花蕾开放期要多浇水；盛花期应减少浇水量；鳞茎休眠期应停止浇水。喜肥沃、疏松和排水良好的沙质壤土，忌过湿和黏重的土壤。

　　多采用分球繁殖，需要注意的是分球不要在采切后立即进行，避免分离后留下的伤口在储藏时腐烂。

　　风信子花期早，花形端庄。用来点缀阳台和居室，显得恬静、雅致、温馨，很有品位。它还具有净化空气的功能，是改善空气质量的良好花种。如果把风信子

养在一个特制的像葫芦的玻璃瓶里，既可以看到它美丽的花簇，又能看到一束粗壮的白根，这种花与根并茂的情景，非常好看。

如果家里有人是过敏体质，最好不要养风信子，因为它的花粉容易造成皮肤过敏。还要提醒你的是，不要把鼻子贴到花上闻香味，因为这样闻容易把花粉吸到鼻子里，有时还会把花朵上爬着的蚜虫或小昆虫吸进鼻孔，引起疾病。

令箭荷花

令箭荷花喜光，春、秋两季要放在阳台的朝南处，且要通风。夏季高温时，要避免暴晒，还要向其周围的地面喷水来提高湿度。冬季要搬入室内，放在阳光充足的地方。盆土要偏干一些，不干不浇，如果浇太多的水，容易引起花蕾掉落或根部霉烂。夏季除多浇水外，还要经常向叶面上喷水。在肥沃、疏松、排水良好的土壤中生长良好，不要用黏性过大或碱性的土壤。喜肥，要加强施肥管理，特别在3月施肥最重要，每15天施1次腐熟液体肥，肥和水的混合比例为4：6，以磷肥为主，辅以氮肥，这能使它长出更多的花蕾。花茎比较柔软，因此，应用支架捆绑。

令箭荷花通常采用扦插法繁殖，在开花后剪取6～8厘米充实饱满的茎，晾1～2天，等剪口干燥时插入沙土的花盆中，然后喷水，放在半阴处，一个月左右就能生根发芽。

当室内电脑或电视机启动的时候，空气中的负离子就会迅速减少，如果一整天都这样，室内的空气质量就会很差，不过不用担心，令箭荷花可以缓解这个问题。

它的肉质茎上的气孔白天关闭，夜间打开，能吸收室内的二氧化碳，并释放出氧气，使室内空气中的负离子浓度增加。

令箭荷花对氯化氢、二氧化硫有较强的抗性，能吸收一氧化碳。它的花香还可使人精神焕发、神清气爽。

令箭荷花颜色艳丽，花形美观，根据它的生长习性，最好将其放在阳台上，这样就能产生很好的装饰效果，为整个居室增添美感。

庭院的健康植物

棕榈

棕榈是我国栽培历史最早、分布最广的植物之一，属常绿乔木，高10～15米。树干圆柱形，表面粗糙。开黄色的小花，没有开花的花苞可以作为蔬菜食用。核果蓝褐色，肾状球形，在11月成熟。棕榈的生命力顽强，树干挺拔，叶片终年常绿，富有热带浪漫气息。

棕榈对光照的要求不高，在全光照下能良好地生长，也有耐阴力，尤其是幼树，耐阴能力很强。喜温暖湿润的气候，生长

的适宜温度为20℃～30℃。耐寒性非常强，成年树可忍受−14℃的低温。耐旱能力很强，也具有一定的耐水湿能力。每1～2个月施一次氮磷钾复合肥，氮磷钾的混合比例为2:1:1，冬季停止施肥。

棕榈对二氧化硫、氟化氢、氯气有较好的吸收作用，并且对汞蒸气等多种有害气体有一定的抗性。除作为庭院树外，还可作为行道树和园林景观树。棕榈有护财、生财之意。

榆树

　　榆树属落叶乔木，高可达25米，树干直立，树枝开展，树冠卵圆形或球形。树皮很粗糙，呈深灰色。早春先开花，后长叶，也有的是花叶同放。榆树的适应性强，生长快。姿态洒脱，树形优美，叶子嫩绿可人，具有较高的观赏价值。

　　榆树属于阳性植物，只有在阳光充足的地方才能茂盛地生长。如果光照不足，就会出现叶色变黄的现象，严重的还会落叶。适应性强，在寒温带、温带及亚热带地区都能正常生长，生长的适宜温度为22℃~30℃。耐旱不耐涝，一般不需要浇水。每月施一次氮磷钾混合肥，氮磷钾的混合比例为2:1:1，冬季不用施肥。对土壤要求不高，以肥沃、深厚、湿润、排水良好的轻壤土、沙壤土为佳。常采用播种繁殖，也可选择扦插、分蘖法繁殖。

榆树能吸收二氧化硫、氯气等有害气体，对氟化氢有较强的抗性。叶子表面滞尘能力强，是优质的"天然吸尘器"。在庭院丛植、孤植，与山石、亭榭配植观赏价值更高，也是良好的盆景植物。

榆树钱是榆树的种子，形状如同古代的铜钱，寓意钱多，招财进宝。我国民间有食用榆树钱的习惯。

传说，在很久以前，有一对夫妇，他们的日子过得很苦，但是他们很善良，只要看到别人有困难，都会尽自己最大的努力来帮助。一天，丈夫出去砍柴，看到路上躺着一位老者，老者衣衫褴褛，快要饿死了，丈夫于是就把老者背回了家，老伴赶紧把家里仅有的一碗米煮给老者吃，老者吃完后有了精神，把屋子打量了一遍说："你们日子这么苦，还要帮助我，也不知该怎么感谢你们。我这里有一粒榆树的种子，种下它，等它长大后，如果需要钱，晃一下树就会掉下钱，但是要记住，千万不能贪心。"

这对夫妇种下这粒种子，几年后树上还真的结出了串串铜钱。在别人有困难的时候，夫妇二人就晃几个铜钱帮助他们。后来这棵大树被一个地主霸占了，他从早晨晃到了下午，最后竟被越积越多的铜钱压死了，从此榆树再也不结铜钱了。

几年后，天气大旱，寸草不生，人们都快饿死了，他们突然发现榆树又结出了一串串像铜钱一样的绿东西，人们摘下来吃，有一种甜甜的味道。很多人靠它度过了饥荒。人们为了表示感谢，给它起了个好听的名字"榆钱树"。

小知识

榆树木材纹理清晰，木性坚韧，强度与硬度适中，可供装修、家具、农具等用；树皮、果和叶均能入药，有安神的功效，能治神经衰弱、失眠等症；幼叶和嫩果可食用或做动物饲料。

幌伞枫

幌伞枫属常绿乔木，树高达30米。树皮呈淡褐色，树冠近球形。在10月份开黄色的小花，果扁球形。可观叶、观茎、观姿，是良好的观赏树种。

幌伞枫对光线的适应能力强，喜阳光充足，也有一定的耐阴力。喜温暖湿润的气候，不耐寒，如果冬季温度低于8℃，就会停止生长，低于0℃就会被冻死。较耐干旱，但不能过干，否则下部叶片会变黄、脱落，上部叶片也会失去光泽。每月施一次氮磷钾复合肥，氮磷钾的混合比例为2∶1∶1，冬季不用施肥。

以播种繁殖为主，也可采用扦插法繁殖。种子没有休眠期，可以随采随播。

幌伞枫对二氧化硫和氟化物有良好的吸收能力，对其他一些有害气体有一定的抗性，可以用来绿化大气污染严重的地区。

大树可作庭院树及行道树，幼年植株可以作为盆栽，摆放在大厅，能显示出热带风情。

幌伞枫树形奇特，巨大的叶集中在茎干顶部，树冠圆整，很像古代皇帝出游时用的罗伞，因此，有吉祥、富贵、辟邪之意，人们还称它为招财树、富贵树，在广东私家庭院中很常见。

刺桐

刺桐树身挺拔，枝叶繁茂。每年3月份开鲜红色的花，花形奇特别致，像辣椒，花序长达50厘米，远看，每一只花序都像是一串熟透了的红辣椒。

刺桐喜阳光充足的环境，不耐阴，阴处会开花不良。喜温暖湿润的气候，耐热，不过它的耐旱性也比较强。春季至秋季是其生长旺盛期，每个月施1次氮磷钾复合肥，复合肥的比例为2∶1∶1。对土壤的要求不高，以肥沃、排水良好的沙壤土为佳。

刺桐抗污染的能力较强，能很好地净化空气。使空气中的负离子浓度增加，提高空气湿度，降低环境温度。此外，它还有滞留灰尘、减弱噪音的功能。在庭院适合单植于草地或建筑物旁的向阳处。

刺桐象征着吉瑞。我国一些地方的人们，常以刺桐开花的情况来预测来年的收成。若刺桐的花期偏晚，而且花开得繁盛，那么，来年一定是五谷丰登、六畜兴旺。如果花期较早，花开得不繁盛，人们就认为来年收成一定不好。阿根廷人很喜欢刺桐，把它看做是神的化身，广为栽培，并将其推举为国花。

龙吐珠

龙吐珠为多年生常绿藤本植物，株高2～5米，叶为深绿色，长6～10厘米，呈长圆形。春、夏开花，红色的花冠从白色的萼片中伸出，宛如游龙吐珠，非常优美。结蓝色的球形果实。

龙吐珠喜阳光充足的环境，如果光线不足，会蔓生很多徒长枝，不开花。但盛夏要适当遮阴，避免烈日直射，否则叶子会变黄。喜高温，耐热性强，30℃以上的高温，只要供水充足，仍能正常生长。生长的适宜温度为18℃～30℃，不耐寒，越冬温度不能低于8℃，否则会出现落叶现象。

龙吐珠对水分比较敏感，要保持土壤湿润，但是不能过量浇水，水量过大会造成只长蔓不开花的现象，甚至叶子变黄，根部腐烂。夏季温度较高，要适当增加浇水量。冬季要控制浇水。生长期每月施肥一次，冬季停止施肥。喜深厚、肥沃、疏松的沙质壤土。常采用分株、扦插和播种法繁殖。

龙吐珠能吸收氯气、二氧化硫等有害气体；能使空气中的负离子浓度增加，提高空气湿度，降低温度，调节小气候。此外，还有很好的滞尘能力。在庭院适合作为花架、花墙、花廊、绿篱等栽培，也可以丛植于绿地中。

传说中的龙很神奇，长着鹿一样的角，骆驼一样的头，鬼一样的眼睛，蛇一样的颈，鲤鱼一样的鳞，鹰一样的爪，老虎一样的爪子，牛一样的耳朵。传说宝珠是从龙的口中吐出的，因此，龙吐珠寓意吉祥如意、财源滚滚、幸福安康、事事顺心。

垂柳

垂柳为落叶乔木，高可达18米，胸径1米。种子外披白色柳絮，成熟后随风飞散。通常是先开花，后长叶，也有花叶齐发的情况。叶子披针形，长8~15厘米，具细锯齿。枝条细长，柔软下垂，春天"翠条金穗舞娉婷"；夏天"柳渐成阴万缕斜"；秋天"叶叶含烟树树垂"。

垂柳萌芽力强，根系发达，生长迅速，15年就能长13米高，而且适应性非常强，不需要太多的照料。喜光，不耐阴。喜温暖湿润的气候，耐寒、耐水湿。除冬季不需要施肥外，其他季节每月施一次复合肥。

垂柳有"勤劳的大气清洁工"的美誉，对空气污染及尘埃的抵抗力强，可以吸收二氧化硫、氟化氢等有害气体。能使空气中的负离子浓度增加，提高空气湿度，降低环境温度，调节小气候。此外，它还有减弱噪音的功能。

垂柳枝条随风飘舞，姿态优美潇洒，置于庭院中池边，点缀园景，柔条依依拂水，倒映叠叠，别具情趣。

垂柳是吉祥富贵的象征，在古代的青瓷上，曾经出现过鹤、云、莲花池和垂柳在一起的图案。一些地方的民间，会在清明节时将柳条插在门户上，人们认为柳能驱邪。

秋枫

秋枫为常绿或半常绿乔木，高达40米，树冠伞形。初春时会换叶，老叶掉落以后，会开黄绿色的花并长出新叶，因此，又称"重阳木"。树皮呈灰褐色；叶为长椭圆形，绿色，两面光滑无毛，叶缘有明显的锯齿状；成熟的果实为深褐色，能食用，但是具有涩味，是小鸟喜爱啄食的果子；种子为黑褐色。

秋枫为阳性植物，喜阳光充足的环境，也耐阴。秋枫耐高温，生长的适宜温度为20℃～32℃。耐旱性较差。比较耐水湿，幼株需要水相对多一些。对土壤的要求不高，以肥沃的沙质壤土为宜。根系发达，抗风力强。采用播种法繁殖，播种最好在春、秋季节进行。

秋枫树冠圆整，树姿优美，春天叶子嫩绿，秋天变为红色，枝叶繁茂，遮阴性好，是优良的庭院树和行道树。

秋枫的枝干受伤后会流出像"血"一样的红色汁液，而且寿命长，有的秋枫已经在地球上生存了1 000多年，一些地方的人们认为它是神树，因此，常被当神一样供奉。在广东很多别墅里，尤其是台湾人购买的别墅，常常会种有秋枫，作为守护神以辟邪。

不同人群的宜忌花草

儿童的宜忌花草

适宜花草

在钢筋水泥建成的城市里，儿童很少有机会亲近大自然。在他们的房间里栽种植物，能为孩子们提供亲近大自然的机会，培养他们对大自然的热爱之情，同时儿童经常照顾花草，能培养爱心，有助于孩子健康成长。

由于儿童不会很好地照顾植物，因此，要选择一些容易养活，不需要太多呵护的植物，如鹤望兰、球兰、蒲苞花等植物，这些植物郁郁葱葱，能给儿童很好的视觉感受。也可以选择变叶木、彩叶草、西瓜叶等，这些植物深受儿童的喜爱，更容易激起他们对大自然的兴趣。

禁忌花草

　　儿童天性好动，不要在他们的周围摆放仙人掌、仙人球、月季等带刺的植物，这些植物极易刺伤儿童娇嫩的皮肤。有些植物含有毒素，儿童将其含在口中，就会刺激口腔黏膜，严重的还会使喉部黏膜充血、水肿，导致吞咽甚至呼吸困难。像水仙花、夹竹桃、一品红、万年青等有毒植物，千万不要摆放在儿童的房间里。还要注意的是，儿童对花粉过敏的比例大大高于成年人，如百合、月季、玫瑰等花中所含花粉容易引起过敏的植物，也不能摆放在儿童的房间里。

老年人的宜忌花草

适宜花草

　　很多老年人都喜欢养花种草，因为这是一种很好的养生方法，如果选择得当的话还可以防病。养花种草看起来花费不了多少力气，但是浇水、修枝、除草、翻盆等都需要活动全身，能锻炼老年人的身体。此外，花草还能带给人们生的气息，赋予老年人积极的生活心态。如闻到玫瑰的香气，老人会联想到春风和鲜花，心情也会变得非常愉快，有利于身体健康。长寿花易栽培、耐干旱、花期长，而且名字吉祥，有"福寿安康"之意，非常适合老年人栽种。

　　老年人新陈代谢慢，各器官功能逐渐衰退，免疫功能也随之降低。所以，可以选择文竹、蔷薇、米兰等具有杀菌功效的植物，净化室内空气，避免因空气浑浊带来疾病。还可以选择一些有药用效果的植物，既可以提供栽种情趣，还可以提供一些药材。身体虚弱的老年人，可以栽种枸杞，其果有益精明目、滋肝补肾、强身健

体的功效。茉莉花气味芳香，能缓解疲劳。花有清热解毒的功效，可治外感发热、疮毒及腹痛等症。金银花香味扑鼻，能振奋精神。花洗净可泡饮。这些植物都非常适合老年人栽种。

针叶植物能释放出负离子，对治疗心血管系统疾病、糖尿病和头疼等有一定功效，老年人可以养一两盆针叶植物，如松树盆景。

禁忌花草

并不是所有的花草都适合老年人栽种，如丁香会在夜间大量散播强烈刺激嗅觉的微粒，特别是对心脏病和高血压患者，有非常大的影响。有哮喘的老人受到花粉刺激，容易引发哮喘，因此，不要养花粉太多的花。兰花、月季、玫瑰、百合、夜来香等花香浓烈，会使老年人头晕、咳嗽，神经产生兴奋而引起失眠。